珊瑚砂地基浅基础的承载特性

王 星　著

北 京
冶 金 工 业 出 版 社
2025

内容提要

本书以珊瑚砂地基浅基础为研究对象，采用室内物理力学试验、原位试验与理论分析相结合的方法，系统研究了其承载特性。全书共分7章，主要内容包括珊瑚砂地基浅基础概论、珊瑚砂的密实度确定、珊瑚砂地基的天然静止应力状态试验、基于三轴试验的珊瑚砂强度参数试验、珊瑚砂地基工程特性现场试验、珊瑚砂承载特性室内平板载荷试验、考虑应力状态的平板载荷模型试验系统研制及其试验等。

本书可供从事岩土工程地基基础勘察、设计与研究工作的人员阅读，也可供高等院校有关专业的师生参考。

图书在版编目(CIP)数据

珊瑚砂地基浅基础的承载特性 / 王星著. -- 北京 : 冶金工业出版社, 2025. 6. -- ISBN 978-7-5240-0263-5

Ⅰ. TU441

中国国家版本馆 CIP 数据核字第 2025HN8635 号

珊瑚砂地基浅基础的承载特性

出版发行	冶金工业出版社	**电　　话**	(010)64027926
地　　址	北京市东城区嵩祝院北巷39号	**邮　　编**	100009
网　　址	www.mip1953.com	**电子信箱**	service@mip1953.com

责任编辑　马媛馨　美术编辑　吕欣童　版式设计　郑小利
责任校对　梁江凤　责任印制　范天娇

北京建宏印刷有限公司印刷

2025年6月第1版，2025年6月第1次印刷

710mm×1000mm　1/16；10.25印张；197千字；154页

定价 79.00 元

投稿电话　(010)64027932　投稿信箱　tougao@cnmip.com.cn
营销中心电话　(010)64044283
冶金工业出版社天猫旗舰店　yjgycbs.tmall.com
(本书如有印装质量问题，本社营销中心负责退换)

前　言

在全球城市化进程加快与人口规模持续增长的双重驱动下，陆域空间资源的承载能力已逼近生态阈值，构成制约社会经济发展的关键性空间约束。这种全球性资源困境催生了空间开发范式的战略性转变——基于海洋空间资源开发的蓝色发展战略已演化为国际社会的共性发展范式。在此背景下，以新型填海造陆（或吹填造岛）技术为驱动的海洋国土空间重构实践（包括人工岛礁与离岸基础设施群建设）正加速推进；其中，珊瑚砂是人工吹填造岛工程中的主要岩土介质。珊瑚砂是一种以 $CaCO_3$、$MgCO_3$ 等难溶性碳酸盐为主要矿物成分的特殊岩土介质，具有颗粒形状不规则、孔隙率高、易破碎和常伴有胶结等显著区别于陆源土的特征，且在热带海洋中分布广泛。

另外，考虑到海上台风、地震等地质灾害因素的影响，岛礁建构物的建筑高度普遍较低，使得浅基础这种基础形式在岛礁建筑工程中具有广阔应用前景。然而，由于在珊瑚砂地基上采用浅基础进行大规模工程建设在工程史上较为罕见，无相关经验可供借鉴，工程师们在具体设计时常以陆源石英砂地基浅基础设计的相关经验作为参考。但珊瑚砂与石英砂的工程特性存在显著差异，若盲目套用石英砂地基浅基础设计的相关参数，必然会造成设计缺陷或资源浪费。因此，开展珊瑚砂地基浅基础承载特性的研究不仅可弥补前人在这一领域研究经验的不足，还可为岛礁基础设施的建设提供科学依据和理论支撑，具有显著的科学意义和实践价值。

本书共分为 7 章。第 1 章珊瑚砂地基浅基础概论，介绍了珊瑚砂物理力学性质研究现状和地基浅基础研究现状。第 2 章珊瑚砂的密实度确定，针对颗粒易破碎的珊瑚砂样，考虑颗粒破碎影响提出适宜的试样制备方法，揭示了珊瑚砂密实度和初始孔隙比随级配、含水量及颗粒破碎的演化规律，为后续试验研究方案的制定提供了先决指导条件。第3章珊瑚砂地基的天然静止应力状态试验，针对珊瑚砂和石英砂试样开展侧压力系数 k_0 固结试验对比研究工作，揭示了地基垂向应力、级配、密实度和含水量对 k_0 的影响规律，探明了珊瑚砂地基静止侧压力系数计算方法。第4章基于三轴试验的珊瑚砂强度参数试验，针对 k_0 固结珊瑚砂样开展室内三轴固结排水剪切试验研究工作，揭示了相对密度和应力状态对珊瑚砂强度参数的影响规律，提出了适用于珊瑚砂的胀缩性判定标准。第5章珊瑚砂地基工程特性现场试验，针对某岛礁内不同地貌单元的珊瑚砂地基分别开展浅层平板载荷试验及深层螺旋板载荷试验等原位测试试验，揭示了天然沉积珊瑚礁砂地基的工程力学特性。第6章珊瑚砂承载特性室内平板载荷试验，揭示了不同密实度、级配和干湿条件下珊瑚砂地基在不同载荷板形状和尺寸下的应力分布特征，在综合考虑三轴试验成果基础上，提出了珊瑚砂地基承载力特征值的计算方法。第7章考虑应力状态的平板载荷模型试验系统研制及其试验，介绍了一套大型平板载荷模型试验测试系统，该系统可模拟实际应力状态开展室内平板载荷模型试验，可实现侧向应力的均匀加载或梯级加载以模拟 k_0 固结状态，可分别通过刚性加载板或柔性气囊两种加载方式模拟基础周围的超载应力。

本书在编写过程中，参考了相关文献资料，在此向文献资料的作者表示诚挚的感谢。

由于作者水平所限，书中不妥之处，敬请广大读者批评指正。

作　者

2025年2月

目　录

1 珊瑚砂地基浅基础概论

1.1 珊瑚砂地基浅基础的研究背景和意义

随着全球城市化进程的加速和人口规模的持续扩大，陆域空间资源日趋饱和，已成为制约人类发展的重要瓶颈。在此背景下，海洋空间拓展战略逐渐成为国际社会的共识性解决方案。近年来，以吹填造岛（或填海造陆）技术为核心的人工岛礁建设浪潮在全球范围内兴起。吹填造岛，是指使用耙吸式、绞吸式及抓斗式挖泥船，对岛礁礁坪和潟湖内的岩土体进行切削和开挖，并通过强力泥浆泵泵送至礁坪上地势相对较高的区域，形成出露海平面一定高度的人工岛。珊瑚砂和礁灰岩碎块是人工吹填岛礁地基主要的岩土介质，由于其 $CaCO_3$ 含量普遍超过 50%，国内学者常称其为“钙质土”或“钙质砂”，岛礁吹填后的基础设施建设项目均是在珊瑚砂地基上开展的。考虑到海上台风、地震等地质灾害因素的影响，岛礁建筑物（如住宅、机场跑道、灯塔等）的建筑高度普遍较低，使得浅基础这种基础形式在岛礁建筑工程中具有广阔应用前景。

目前，浅基础在珊瑚砂地基中的广泛使用还面临着诸多挑战。首先，珊瑚砂在成因、矿物成分、细微观组构等诸多方面与陆源土存在着显著差异。珊瑚砂颗粒多源于造礁石珊瑚群体死亡后的骨骼遗骸，内含生物原生结构孔隙，天然孔隙比大；矿物组成以文石、高镁方解石为主，硬度低；在低有效围压（如 200 kPa）下就存在明显的颗粒破碎现象；颗粒多为原地沉积，搬运距离短，颗粒球度及磨圆度低；临界状态对应的体变量也大。其次，针对珊瑚砂地基浅基础的承载机制研究起步较晚，研究成果相对不够深入和全面，且目前尚未见针对该类地基的浅基础设计方法。最后，至今国际上尚未制定专门针对珊瑚砂地基浅基础设计的技术标准，致使吹填岛礁上的浅基础设计仍机械套用陆源土的设计标准。因此，开展珊瑚砂地基承载能力和变形特性研究事关工程结构物的长期安全与稳定，系岛礁建设的重大核心科学问题。

1.2 珊瑚砂物理力学性质研究概况

依据岩石学的相关定义，钙质土应为碳酸盐含量小于 50%的土；而珊瑚砂一般是由造礁石珊瑚、贝壳、海藻等海洋生物群体死亡后，经搬运、沉积所形成的一种以碳酸钙、碳酸镁等碳酸盐类物质为主要成分的特殊土，其碳酸盐含量普遍大于 50%；上述两者均属碳酸盐类土范畴。珊瑚砂（或钙质土、钙质砂）在海上油气开采平台搭建、海底油气输送管线铺设、岛礁吹填建设等重大工程项目中经常遇到，多出现于大陆架与海岸线一带。由于钙质砂具有特殊的结构特征和力学特性，使其成为国内外学者广泛关注的焦点。

国外学者对钙质砂的研究起始于 20 世纪 60 年代波斯湾海峡的地质勘查。当时的岩土工程师们在第一批钻孔芯样内发现大量的贝壳碎片，且碳酸钙含量很高；这是在文献中关于钙质砂的首次记载，但工程师们对钙质砂的工程特性并没有过多的关注。缺乏对其特殊力学行为的认识与理解是钙质砂没有引起工程师们特别重视的主要原因。

1968 年，在伊朗 Lavan 海上石油平台打桩过程中，直径约 1 m 的桩穿过海底约 8 m 的胶结钙质砂层后，在自重作用下自由下落，在海底约 23 m 处遇到可提供足够承载力的礁灰岩层时停止下沉，如图 1.1 所示。由于建设场地水位较浅，对桩的抗拔能力要求较低，该建设项目顺利完工，但关于钙质砂层引发桩体自由下落的问题并没有引起足够的重视。

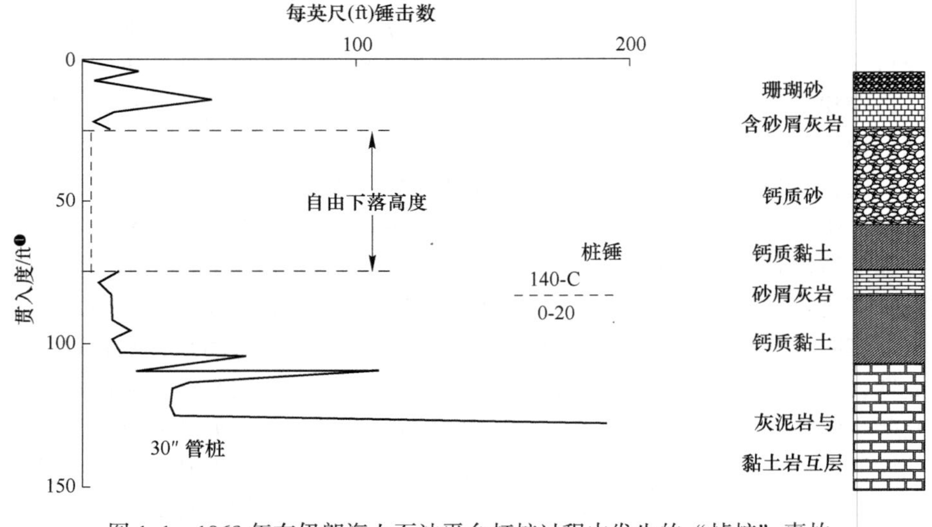

图 1.1　1968 年在伊朗海上石油平台打桩过程中发生的“掉桩”事故

20 世纪 70 年代初，发生在澳大利亚巴斯海峡的一个工程实例首次引发了学者们关于在钙质砂层上进行基础设计与施工的思考。1970 年，埃索石油公司在巴斯海峡建设第一座海上石油平台时，发现在施工过程中作为承力结构的桩极易

❶ 1 ft = 0.3048 m。

贯穿土层。考虑到桩安装就位以后的承载力问题，工程师们采用长度约为 0.67 m 的桩进行了拉拔试验，结果发现其实际承载力仅为设计值的 1/5。为弥补这一缺陷，工程师们对修建于该地区的 5 座海上石油平台的桩基施工设计进行了修改，在付出昂贵代价后将打入桩改为钻孔灌入桩。

随后，工程师们在处理与钙质砂相关的工程问题时变得十分保守，普遍使用钻孔灌注桩进行海上构筑物的施工。且随着海洋工程进入更深、更远的海域，陆源沉积物在远海海域近乎消失，传统的设计方法已不适用于深海海域上的油气平台建设，这就为工程师们深入认识钙质砂的工程特性提供了动力。但至今关于钙质砂微观力学行为和特殊工程特性的认识仍然不足，导致由钙质砂的特殊性所引发的工程问题并没有得到很好的解决。

1980 年 5 月，巴西石油公司开始在巴西外海 Campus 盆地搭建 Garoupa 油气平台。桩基施工过程中，工程师们采用 Vulcan 型蒸汽锤锤击直径约 1.22 m 的桩，发现桩的贯入度指标极低。随后的地质勘查结果显示，极低的贯入度是由于先前钻井时的水泥浆液溢出，在钙质砂层内形成了薄壳灌浆硬层导致的，经修正锤击能量增加蒸汽锤锤击次数后，桩突然下沉约 50 m，引起蒸汽锤在将辅助挂钩破坏后沉入海底的工程事故。

NorthRankin “A” 平台位于澳大利亚西北大陆架北，是目前在海相钙质砂层上所建造的规模最大的构筑物。设计桩身直径约 1.83 m，要求将桩体完全置入钙质砂层中，并需提供较高的承载力。在正式施工前，工程师们结合现场地质勘察资料和室内模型试验，反复论证设计的可行性，并制定多种施工方案。但桩基检测结果表明桩的承载力并不能满足设计要求，后续又采用了十分昂贵的加强补救措施。

至此，学者们才将钙质砂作为一种特殊岩土介质看待，并相继于 1988 年和 1999 年分别在 Perth 和 Bahrain 召开了钙质沉积物国际会议，总结了过去几十年里在钙质砂工程力学特性方面的研究成果，从而极大地促进了海洋岩土工程理论和技术的发展。

国内学者对钙质砂工程力学特性的研究源于 20 世纪 70 年代末，当时为确定岛礁构筑物的设计参数，对钙质砂的工程特性进行了初步研究，积累了一些工程经验，但并未从机理层面深化对钙质砂特殊工程力学性质的认识。近年来，我国科研人员对钙质砂工程力学性质开展了大量研究工作，并在钙质砂的动静力学特性、颗粒破碎特性、胶结特性、珊瑚礁混凝土、桩基工程特性等方面取得丰富研究成果。本章从钙质土的物理力学特性入手，综述了钙质土力学方向目前的研究现状，然后对钙质砂地基浅基础方面的研究成果进行了归纳、总结和评述。

1.2.1 颗粒形貌和孔隙特征

土体内部细观结构的破损和演化是决定其宏观物理力学性质变化的本质因

素。对细观结构的研究不仅是构建土体结构性物理模型的基础，也是解决各种复杂岩土问题的关键切入点。因此，深化钙质砂在荷载作用下细观结构演化规律的研究具有重要理论意义。特殊的海洋生物成因使得钙质砂具有比普通陆源土更加不规则的颗粒形状和较多的内孔隙，这也是钙质砂的比重❶（2.78～2.84）较硅质砂（2.65）大，而同等条件下的最大、最小干密度却较硅质砂小的主要原因。

颗粒形貌是描述土体细观组构特征的重要参数，也是决定地基土沉积规律和粒间孔隙大小的主要影响因素。前人已从不同角度对钙质砂的颗粒形貌开展了大量研究工作。陈海洋等借助光学显微镜和 Matlab 图像处理软件对钙质砂颗粒的二维投影图像进行了采集分析，发现 90%以上呈块状、纺锤体状的钙质砂颗粒长宽比介于 1～3；钙质砂颗粒具有明显的分形特性，周长-面积分形维数在 0.95～1.07，且钙质砂的分形特性随粒径减小而愈加明显。Pham 等采用 X 射线 CT 扫描技术对三种不同尺寸钙质砂颗粒开展了 3D 形貌分析试验，结果表明：在粒径较大的钙质砂颗粒中，球状和棒状颗粒较少，圆盘状颗粒偏多；CT 扫描获取的颗粒尺寸较筛分试验测试值小，且在粒径较大的颗粒中表现得更为明显；钙质砂的颗粒形貌是其级配分布的一个重要影响因素。随后，Pham 等对钙质砂基于 CT 扫描获取的颗粒尺寸较筛分试验测试值偏小的原因做了解释，指出钙质砂颗粒形状的多样化致使粒间存在互锁现象，筛分时颗粒不能以短边通过筛网，造成筛分试验测试值偏大。最后 Pham 等根据钙质砂的 CT 扫描试验结果，讨论了其颗粒形状与剪切强度之间的关系。汪轶群等使用圆度和粗糙度两个指标对不同粒径钙质砂的 2D 颗粒形貌进行了对比分析，指出中间粒径（$D=0.5\sim2.0$ mm）钙质砂颗粒多棱角，且大粒径（$D>2.0$ mm）和小粒径（$D<0.5$ mm）钙质砂的颗粒形状更不规则。金宗川研究了颗粒形状对钙质砂休止角的影响，认为片状钙质砂的休止角最大、枝棒状次之、块状最小。任玉宾等在对钙质砂颗粒 2D 形状开展定量测试基础上，对比研究了其与标准砂、玻璃珠渗透性的差异，结果表明由于钙质砂不规则的颗粒形状使得渗透试验过程中的过水通道变得狭窄，其渗透性亦较标准砂、玻璃珠弱。吴野等在引入形状参数（Φ）的基础上定量描述了钙质砂的 3D 颗粒形状，并就钙质砂颗粒形状对液体拖曳力系数（C_D）的影响开展试验研究，指出在同等条件下钙质砂颗粒的形状系数越大（即颗粒形状越规则），拖曳力系数越小。王胤等在吴野等研究成果基础上，提出了考虑钙质砂颗粒形状且能够模拟钙质砂颗粒在液体中沉降过程的物理模型。沈扬等借助显微镜 3D 成像试验对比研究了钙质砂与硅质砂颗粒形貌的差异，发现钙质砂较硅质砂颗粒棱角度大，轮廓趋于扁平；并从颗粒形貌角度对同等条件下钙质砂压缩性较硅质砂大的原因进行了解释。马成昊等综述了粒状岩土材料颗粒形状研究现状，并指出从形

❶ 在岩土工程研究领域中，比重是指土壤中固体颗粒的密度与水的密度比值。

状、棱角度和纹理参量三个角度描述颗粒形状是最理想的颗粒形状表征方法。田朝阳等借助 IPP（Image Pro Plus）图像分析软件研究了 7 组不同粒径钙质砂的颗粒形状，发现钙质砂的棱角随颗粒粒径增大而愈加发育，颗粒形状亦愈加不规则。胡聪等以树枝状、条状和块状钙质砂颗粒为研究对象，基于多视角 2D 图像分析技术提出了钙质砂 3D 成像方法，并使用长宽比、凸度和球形度等颗粒形状指标评价 3D 重构后图像的精度。孙越等借助侧限压缩试验对比研究了钙质砂和石英砂颗粒形状随颗粒破碎的变化，研究结果表明相较于凸度钙质砂的圆度、长径比和球形度对颗粒破碎程度的变化更为敏感，且随颗粒破碎量的增大而增大；可使用双曲线函数描述钙质砂整体颗粒形状随颗粒破碎的变化趋势。王瑞等对比研究了不同粒径钙质砂的颗粒形状，发现钙质砂的颗粒形状主要为块状，且随粒径的增大钙质砂的颗粒形状更不规则。刘鑫等借助 PartAn 3D 颗粒动态图像分析仪系统研究了粒径 0.5~20 mm 钙质砂的颗粒形状，并指出可使用正态分布函数描述钙质砂的圆度、扁平度、延伸率和球形度的分布特征，而钙质砂的凸度和棱角度更符合幂律分布，并建立了钙质砂颗粒形状参数与其最大、最小孔隙比间的联系。李钒等使用室内环剪试验研究了颗粒形状对钙质砂最终级配的影响，发现由于颗粒形状的不同，相同颗粒级配的钙质砂试样在环剪试验后的颗粒级配并不完全一致。万佳怡等结合使用 CT 扫描技术和室内侧限压缩试验获取了试验过程中钙质砂颗粒的 3D 图像，发现颗粒尺寸是钙质砂颗粒形状和颗粒接触点数量的重要影响因素。黄良等通过人工挑选三种不同形状（条状、块状、片状）的钙质砂颗粒，并对其开展固结不排水三轴剪切试验，结果表明钙质砂的不排水剪切强度随条状颗粒的增加或片状颗粒的减小而增大。

孔隙特征是描述土体细观组构特征的另一个重要参数。相关研究结果表明，由于钙质砂内存在较多的内孔隙，使得其在宏观上表现出易破碎、难饱和、高压缩等特殊性质。孙吉主等通过对钙质砂开展循环荷载作用下的三轴剪切试验研究，探讨了内孔隙与各向异性对钙质砂液化特性的影响，结果表明内孔隙释放率随有效围压的增大而增大，次生各向异性变小，从而增强了钙质砂的抗液化能力。陈海洋借助 Matlab 软件分析了钙质砂内孔隙的大小和分布特征，并探讨了内孔隙对钙质砂饱和度的影响。朱长歧等对颗粒切割面上的内孔隙分布特征开展了定量分析，结果表明：在粒径大于 1 mm 的钙质砂颗粒中，等轴孔隙的数量大致与不等轴孔隙数量相等，且均远高于缝隙状孔隙的数量；钙质砂颗粒的面孔隙度很小，粒径 2 mm 以上颗粒的面孔隙度较粒径 1~2 mm 颗粒大。汪正金对击实后不同含水量钙质砂的粒间孔隙特征开展了对比研究，并从粒间孔隙孔径、面积、定向排列和颗粒粒间接触方式等角度探讨了钙质砂密实度随含水量的变化规律。姜璐等借助 WD-5 图像处理系统定量分析了击实后钙质砂的扫描电镜图像，揭示了钙质砂粒间孔隙的丰度、等效直径和定向频率随初始含水量的变化，并指出随含水量的增大击实后钙质砂粒间孔隙主要呈扁圆形，近圆形和长条形的孔隙数量较少。蒋明镜等对6个不同粒组的钙质砂颗粒开展了电镜扫描试验，并借助Matlab图像处理程序研究了钙质砂颗粒表面孔隙度随颗粒粒径和形状的分布规律，发现当钙质砂颗粒粒径小于1 mm时，颗粒形状对表面孔隙度的影响不大，且表面孔隙度随颗粒粒径的增大而增大；粒径大于1 mm的钙质砂颗粒表面孔隙度随粒径的增大而减小，条状颗粒的表面孔隙度最大，带状颗粒的表面孔隙度最小。曹培和丁志军结合使用CT扫描试验和MIP压汞试验对4种不同粒径钙质砂的孔隙分布特征开展了定量研究，结果表明钙质砂宏观孔隙率随颗粒粒径的增大而增大，但增长幅度逐渐减小；钙质砂内的孔隙主要为大孔隙和小孔隙，微孔隙含量较少；封闭内孔隙含量约为1%，远低于连通孔隙含量。周博等借助X射线μCT扫描技术和图像处理技术重构了钙质砂内孔隙的3D图像，并结合内孔隙率、颗粒外表特征、孔径分布曲线的形状和分形维数对块状钙质砂颗粒进行了分类。崔翔等使用高分辨率工业CT扫描仪定量研究了钙质砂的3D孔隙特征，提出了使用整体连通性、孔隙形状和孔喉尺寸3个角度描述钙质砂孔隙特征的方法，并指出颗粒表面粗糙度和颗粒形状是影响孔隙整体连通性、孔隙形状和孔喉尺寸的关键因素。孙广等以3种不同颗粒形状的钙质砂为研究对象，定量评估了计算机断层扫描法、氮气吸附法和压汞法在描述钙质砂孔隙分布特征方面的适用性，并指出结合使用计算机断层扫描法和压汞法可较全面获取钙质砂孔隙结构特征数据。

综上所述，目前在钙质砂颗粒形状和孔隙特征方面已开展大量研究工作并取得丰富成果。然而，这些研究工作主要集中在钙质砂颗粒形状或孔隙特征的测量方法、量化指标的构建以及颗粒形状或孔隙特征对钙质砂力学性质影响的定性探讨等方面，关于定量研究颗粒形状或孔隙特征对钙质砂力学行为影响的研究成果较少，相关研究工作还有待进一步深入开展。

1.2.2 颗粒破碎特征

钙质砂在低应力（小于200 kPa）下即可发生颗粒破碎是其区别于普通陆源砂的主要特征之一。在微观层面上，颗粒破碎不仅改变了钙质砂的颗粒级配，还会引起颗粒组构特征（颗粒形状、定向排列、接触形式等）的变化；在宏观层面上，颗粒破碎的产生释放了封闭的内孔隙，抑制了剪胀行为的发展，弱化了土体强度，增大了砂土地基液化的概率和土体变形量。

三轴剪切试验更能反映土体实际所处的应力环境，是研究钙质砂颗粒破碎效应的有效手段。如通过三轴剪切试验，Coop对比研究了爱尔兰西海岸不同胶结程度钙质砂力学特性的差异，发现颗粒破碎是导致钙质砂高压缩性的关键因素。吴京平等建立了钙质砂相对破碎势（B_r）与塑性功（W_p）间的指数关系，且认为由于破碎机理和应力边界条件的不同，钙质砂在剪切过程中的颗粒破碎量会明显大于等向固结过程中的相应值。刘崇权和汪稔在分析钙质砂颗粒破碎机理基础上，提出了用相对破碎势（B_r）和破碎功（W_B）来描述颗粒破碎过程的能量公式。孙吉主和汪稔建立了钙质砂峰值主应力比（σ_1'/σ_3'）与相对破碎势（B_r）间的联系，并在引入描述颗粒相对破碎的损伤参量基础上，提出了适用于钙质砂的损伤边界面本构模型。胡波借助室内三轴剪切试验系统研究了颗粒级配、形状、应力水平、剪切应变等因素对钙质砂颗粒破碎的影响，并建立了考虑颗粒破碎影响的本构模型。张家铭等揭示了钙质砂相对破碎势（B_r）随应力水平和剪切应变的演化规律，并探讨了不同剪切阶段下剪胀和颗粒破碎对钙质砂抗剪强度的影响。Donohue 等在对钙质砂开展循环三轴固结排水剪切试验基础上，指出动力循环荷载、循环应力比、循环次数对钙质砂相对破碎势（B_r）起控制作用。汪轶群等对不同有效围压下由钙质砂颗粒破碎产生的能量耗散情况进行了分析，认为高有效围压下由颗粒破碎而耗散的能量更大。王亚松等和王新志等分别通过三轴剪切试验探讨了颗粒间的咬合、摩擦以及颗粒破碎对钙质砂强度、变形特性的作用机理。王刚等研究了循环应力比和有效围压对钙质砂颗粒破碎程度的影响，并提出用以描述颗粒破碎演化过程的数学模型。何绍衡等对钙质砂依次开展了不同循环动应力比和温度下的三轴剪切试验研究，认为钙质砂发生颗粒破碎存在“门槛循环应力比”和“门槛温度”，当循环应力比和温度超过门槛值后，颗粒破碎程度将显著增大。蔡正银等在研究密实度和应力水平对钙质砂颗粒破碎影响的基础上，提出了考虑颗粒破碎影响的本构模型。

不同试验方式对应不同的加载条件和应力状态，为评估钙质砂在高法向应力下的颗粒破碎特征和微观机理，国内外学者分别基于侧限压缩、等向压缩试验对钙质砂开展了大量研究工作。Shinjo 研究了颗粒破碎对钙质砂一维压缩特性的影响，认为颗粒破碎是引发钙质砂高压缩性的主要原因。张家铭等在对比分析钙质砂、黏土压缩特性指数（λ，κ）的基础上，指出钙质砂在常压下即可发生颗粒破碎是其具有与黏土类似压缩性的主因。蒋礼通过对钙质砂开展大量一维压缩试验研究，得出与张家铭等类似的结论，并指出单一粒径钙质砂颗粒破碎程度随粒径的增大而加剧。秦月等借助高压固结试验探讨了含砂量、饱和度、加载方式等对钙质砂颗粒破碎程度的影响，认为颗粒破碎至粒径小于0.25 mm 后进一步破碎的难度显著提高。Xiao 等研究了不同密实度钙质砂在室内一维压缩条件下的粒径分布、颗粒破碎、变形量和输入功的变化规律，指出松散钙质砂颗粒破碎程度更大，且不同密实度钙质砂颗粒破碎量与单位体积输入功间存在固定的线性关系。张小燕等在控制法向应力和加载时间基础上对钙质砂开展了一维高压蠕变试验，建立了相对破碎势与法向应力间的幂函数关系。马启锋等在侧限压缩条件下对比研究了钙质砂与硅质砂力学特性的差异，指出钙质砂在高应力下较硅质砂先发生颗粒破碎，屈服应力较硅质砂小，压缩变形量更大。纪文栋等应用 Marsal 破碎率

（B_g）对侧限压缩条件下钙质砂的颗粒破碎程度与法向应力间的关系开展了统计分析，发现颗粒破碎率随法向应力的增大而缓慢增长，并指出粒间相对运动的限制系导致这一现象的主要原因。彭宇等结合使用染色标定和图像分析技术，对侧限压缩条件下不同粒径钙质砂的颗粒破碎量进行了分析，结果表明颗粒破碎重叠掩盖现象会随法向应力增大和颗粒分布集中而越发明显，并建立了颗粒累计破碎率（B_a）与法向应力对数值间的线性关系。张丙树等借助侧限压缩试验对钙质砂在不同法向应力下的颗粒破碎特征和破碎机理进行了研究，并提出了控制钙质砂颗粒破碎的四种颗粒接触模式。李彦彬等研究了中值粒径（d_{50}）和 $CaCO_3$ 含量对钙质砂颗粒破碎程度的影响，并建立了相对破碎势（B_r）、压缩指数（C_c）与塑性功（W_p）间的数学关系。

此外，针对不同工况，研究者们还分别通过采用环剪、直剪、单剪、单颗粒加载等试验手段，探究了钙质砂在不同应力边界条件下的颗粒破碎规律及其对力学性质的影响。近年来，离散元数值模拟法也被广泛用于研究钙质砂的颗粒破碎机理，特别是在颗粒破碎演化规律、粒间接触方式和荷载传递特征等方面已取得重大突破。

目前钙质砂颗粒破碎方面的研究主要集中在对颗粒破碎的定量表述，以及颗粒破碎对钙质砂力学性质影响的层面上，缺乏对颗粒破碎机理的系统认识。加强颗粒破碎细观机理的研究，对建立适用于工程实践的钙质砂力学本构模型具有重要的理论意义和实践价值，是未来一段时间内关于颗粒破碎这个课题的研究方向和发展趋势。

1.2.3　颗粒胶结特征

钙质砂的主要化学成分为碳酸钙、碳酸镁等碳酸盐；在海相沉积环境中由于碳酸盐的析出或碳酸盐类晶体的生长，使松散钙质砂颗粒胶结成块，形成天然胶结钙质砂。天然胶结钙质砂的强度、密度、胶结度具有显著的空间各向异性，导致其工程特性复杂，并在以往的实践活动中引发多起工程事故，是目前钙质砂力学性质研究的热点课题。Poulos 和 Davis 认为颗粒间的胶结提高了钙质砂的强度，削弱了其压缩性和蠕变效应；且钙质砂的黏聚力和峰值剪切强度会随着胶结物含量的增加而增大，内摩擦角变化不大。朱长歧等对 4 种天然胶结钙质砂开展了室内试验研究，从微观层面上探讨了其强度的影响因素，建立了胶结度、密度、孔隙度、颗粒尺寸等物性参数与强度间的相关关系，研究结果证实了天然胶结钙质砂强度与胶结度、密度间具有良好的正相关性。天然胶结钙质砂的结构性强，取样困难，且难以获取足够数量的试样开展平行试验；因此，部分研究者开始将研究重点转移至使用人工方法制备胶结钙质砂样上来。Liu 等提出从钙质砂中提取可溶性的钙，替代氯化钙溶液作为生物诱导碳酸盐结晶的钙源，来制取人工胶结钙质砂的方法，发现随着胶结溶液用量的增加，经这两种不同方法处理后的钙质砂样强度和刚度增加，渗透率降低。Shen 等借助循环三轴剪切试验验证了通过生物诱导碳酸盐结晶制取人工胶结钙质砂样方法的合理性，并指出这种胶结方法能有效提高钙质砂的抗液化能力。人工胶结钙质砂虽取得阶段性成果，但胶结剂制备所用设备复杂、技术先进、成本高昂，难以大量投入工程生产，改良胶结剂的制备方法从而获取经济适用的胶结剂仍是目前亟须解决的关键技术问题。

1.2.4 钙质砂地基浅基础承载特性研究现状

浅基础是相对深基础而言的，其定义较广，一般是指埋深在 3~5 m 或小于基础宽度的基础。早在 1985 年，Poulos 和 Chua 便通过室内浅基础模型试验，对取自澳大利亚巴斯海峡钙质砂的地基承载力进行了系统研究，并在严格控制试验条件的前提下，从基础周围覆土应力、地基土的相对密度、循环荷载三个方面对比研究了钙质砂和硅质砂地基承载能力与变形特性的差异，认为钙质砂的高压缩性导致其地基承载力低于硅质砂，并在将试验测试值与理论计算值进行对比的基础上，推荐使用空腔扩张理论计算钙质砂的地基承载力。而王新志等基于对钙质砂地基浅基础模型试验结果的分析，发现钙质砂在同等条件下具有较硅质砂大得多的承载能力和变形模量。可见，前述几位学者关于浅基础模式下钙质砂地基承载能力和变形特性的研究结果截然相反，究其原因可能是因为钙质砂特殊的生物成因导致其具有较强的区域性，因此针对某一具体区域的钙质砂，系统研究其在浅基础模式下的工程特性具有重要意义。为此，汪正金对钙质砂地基开展了一系列浅层平板载荷试验研究，认为浅基础下钙质砂地基的变形量较小，且主要为塑性变形；其 *P-S* 曲线中无明显陡降段，地基承载力的取值范围为 180~240 kPa，变形模量推荐取值为 94 MPa，满足一般建筑物浅基础对地基土工程特性的要求。杨永康等对中国西沙群岛上的钙质碎屑砂地基开展了原位平板载荷试验研究，在统计分析试验数据基础上分别建立了钙质砂地基承载力特征值（f_{ak}）与标贯击数（N）、重型动力触探击数（$N_{63.5}$）间的相关关系。王新志等对我国西沙群岛永兴岛不同地貌单元内的钙质砂地基开展了浅层平板载荷试验研究，认为人工填土钙质砂地基的承载力和变形模量普遍较高，其承载力特征值可达到 320~360 kPa。居炎飞和明道贵对钙质粗粒土地基开展了原位平板载荷板试验，模拟研究了浅基础模式下钙质粗粒土地基的工程特性，发现平板载荷板试验的有效影响深度为载荷板特征尺寸的 2 倍；借助动力触探试验建立了动探击数与地基承载力特征值、变形模量间的经验关系，为钙质砂地基工程指标的合理预测提供了借鉴。

1.3 地基浅基础的研究概况

自改革开放以来，我国各地加速开展基础设施建设，采用的基础形式多样；

浅基础由于具有施工便利、造价低等优点，在基础设施建设中被广泛运用。然而，工程实践中结构物因浅基础失稳而引发的工程病害也时有发生；究其原因主要表现在两个方面。

一是对地基土强度的评估不正确，在上部基础和结构物自重荷载作用下地基土产生了较大的塑性变形；软土地基在上部荷载作用下的冲剪破坏是最具有代表性的地基失稳形式。目前在基础设计和地基处理过程中，工程师们往往采取比较保守的设计指标和技术措施；但是这种处理方法不能充分发挥地基土的强度，增加了建设成本，并不是最合理的解决办法；如何选取合理的地基承载力特征值参与上部结构设计，仍然是工程建设者们亟须解决的问题。

二是地基土刚度的评估不正确，地基产生了超过上部结构正常使用状态下允许的变形，具体表现为基础发生沉降或差异沉降，对应地基土的破坏形式则为整体剪切破坏或局部剪切破坏。地基土刚度不足是绝大多数与地基相关岩土工程病害的主要原因；因此，我国现行地基基础设计规范中多采用变形控制的原则确定地基承载力特征值。本章着眼于工程实践中浅基础失稳破坏的类型，在搜集并查阅相关文献基础上，从地基土的强度和受荷变形机理两方面综述浅基础的研究现状，并对目前的研究趋势进行展望。

1.3.1　地基浅基础承载特性研究概况

地基承载力的确定是进行上部结构和基础允许荷载设计的前提。因此，地基承载力的确定方法是决定建筑物安全与稳定性的关键性问题。工程实践中确定地基承载力主要有试验测试法和理论分析法两种方法。现针对这两种方法综述目前的研究成果。

1.3.1.1　试验测试法

试验测试法是目前确定地基承载力准确度较高的一种方法，且大型和重要建筑物的修建均需使用试验测试法确定地基承载力特征值；根据测试地点和试验设备的不同，将试验测试法细分为平板载荷法、标准贯入法、室内模型试验法、离心试验法等多种方法。试验测试法分类示意图如图 1.2 所示。

在众多试验测试方法中，平板载荷试验法是目前确定地基承载力最直接、最可靠的一种方法。相较于室内模型试验，平板载荷试验等原位测试方法可在建设场地内直接开展，对土体的扰动小，试验技术成熟，规范中有详细的载荷试验操作方法和数据处理要求，工程实践经验积累丰富。但影响平板载荷试验结果的因素众多，如载荷板的尺寸、形状、埋置深度、地基土的物性条件（矿物成分、粒径、密度、湿度等）、沉降稳定的判定标准等；其中载荷板的特征尺寸对试验结果的影响最大，即尺寸效应明显，如何通过小尺寸载荷板下地基土的应力和变形

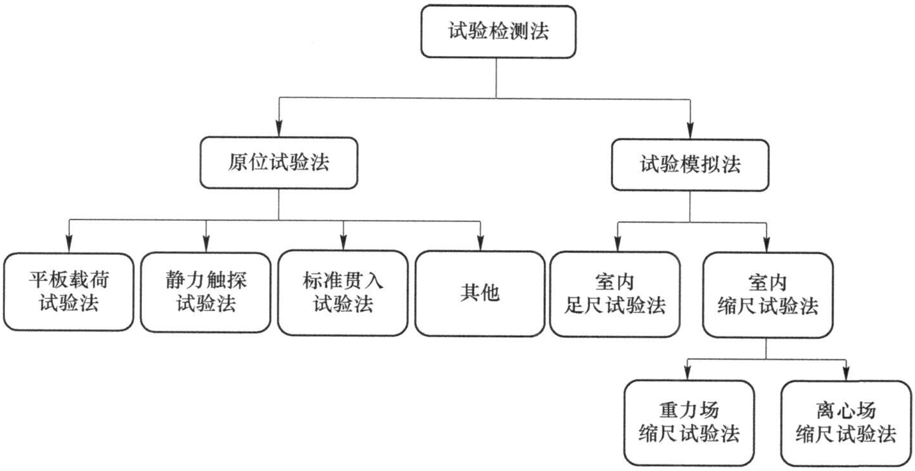

图 1.2　试验测试法分类示意图

机制来反演大尺寸基础在服役过程中的工程性状，是目前比较热门的研究课题。此外载荷试验成本高、耗时长，这也是规范中只规定对重要的一级建筑物进行载荷试验的主要原因之一。

静力触探法是指用静力将带有传感器的金属探头以稳定速率压入土中并连续测试探头所受阻力的测试方法。金属探头在压入土体过程中会通过其内部的传感器，以电信号的形式输出探头的贯入阻力（P_s）；若已建立探头贯入阻力（P_s）与地基承载力特征值（f_{ak}）间的对应关系，即可根据静力触探法确定地基承载力特征值。依据静力触探法测得的数据可靠，可重复性好，且试验设备简单，可连续、快速进行多个测点的测量，效率高。静力触探法的测量原理决定了其只能通过探头尖部的阻力确定地基承载力；然而，探头在不同物性条件下的地基土中所受到的阻力不同，测试结果带有强烈的区域性，需要事先进行大量试验建立地基承载力特征值（f_{ak}）与贯入阻力（P_s）间的对应关系，且在一些较难贯入的土层（如碎石土层、密实砂土层）中，试验数据的离散性也较大。

标准贯入试验法是使用穿心锤自由下落的冲击能（锤重 63.5 kg，落距 76 cm），将连有钻杆的贯入器以一定锤击速率打入土中，并记录贯入器贯入土中一定深度间隔的锤击数（N），依据锤击数（N）与地基承载力特征值（f_{ak}）间的统计关系确定地基承载力的方法。标准贯入试验法具有与静力触探法相似的优缺点，其设备简单、操作方便、工效高；但容易受到机械设备、人为因素、测试方法的影响，试验结果离散性较大。该方法一般适用于黏性土、粉土和砂土，其土层适应性广，但同样也具有较强的地域性。值得注意的是，静力触探法只能通过贯入阻力与地基土承载力特征值间的经验关系获取地基土的承载能力，并不能用于对地基土级配、湿度、密度等物性指标，以及抗剪强度、固结系数等力学指标进行描述；而标准贯入试验法可以通过贯入器获取试验深度处的地基土样品，进而可对地基土的物理力学特性进行综合评估。

此外通过原位试验确定地基承载力的方法还有圆锥动力触探试验法、十字板剪切试验法、旁压试验法等。这些试验方法与静力触探试验法、标准贯入试验法具有相同特点，均需预先建立试验指标与地基承载力特征值间的统计关系或理论公式，属于间接测量地基承载力特征值的方法范畴。值得注意的是，在工程实践中为了获取准确可靠的地基承载力特征值，往往需要通过配合使用多种不同测试方法来确定最终取值。如丁振杰在对淮北地区某公路路基进行承载力测定时，结合使用静力触探法与动力触探法，分别建立了适用于该地区的地基承载力特征值与比贯入阻力和动探击数的经验公式；庞旭卿分别采用平板载荷试验法、静力触探法、动力触探法和标准贯入法，对富平地区某黄土地基经不同地基处理方法加固后的地基承载力进行了测试，结果表明载荷试验法测得的地基承载力极限值略小于静力触探法的实测值，且略大于动力触探法和标准贯入法的测试结果。

室内模型试验法是在相似理论基础上发展的一种确定地基承载力特征值的方法，其通过对模型特征和变化规律的定量描述近似表述客观实体的主观特征。模型试验过程中可严格控制试样的物性参数和试验条件，从而建立地基承载力特征值与试样物性参数、试验条件间的对应关系，试验数据可靠，常用于指导工程实践。根据模型几何尺寸的不同，模型试验又可分为足尺模型试验和缩尺模型试验。室内足尺模型试验的几何尺寸与原型相同，因此使用该方法的工作量大、历时长且费用较高，试验结果影响因素多，并具有不可重复的特点。

相较于室内足尺模型试验，室内缩尺模型试验在工程实践中运用得更为广泛。缩尺模型试验中试样规模较小，可依据试验目的进行系统试验，获取能够反映原型土体客观规律的试验数据，特定条件下较足尺模型试验优势更为明显。缩尺模型试验又可依据力学相似性分为重力场和离心场两种类型。室内模型箱载荷试验即为重力场缩尺模型试验，试样依靠自重固结稳定，可用来模拟地表浅层地基的力学特性，如马庆宏等使用室内缩尺模型试验探讨了无黏性土斜坡地基在荷载作用下的土压力分布特征、变形破坏模式，并从土体的相对密度、斜坡坡脚、土层内部钢筋的布置形式、基础的形状和尺寸等方面系统研究了斜坡地基的承载能力和破坏形态；Keskin 和 Laman 通过室内缩尺模型试验对斜坡地基承载力的影响因素进行探讨，并结合数值模拟法研究了斜坡地基的变形机制。

离心场缩尺模型试验简称离心模型试验。试验过程中试样高速旋转，在离心力作用下可再现原型土体的应力状态，同时满足试验土体的几何相似性和力学相似性，且试验用土一般较重力场模型试验少，试样的物性条件能够得到精准控制。随着试验设备和技术的发展，离心模型试验已成为浅基础研究领域的重要方法。但离心模型试验设备复杂，费用高昂，很难进行大规模系统试验；且试验中存在明显的粒径效应和基础尺寸效应，不同学者针对不同岩土介质、基础尺寸、形状和埋深、试验方法所获取的效应界限值也不同；此外，离心模型试验与平板载荷试验测试结果间的差异也是有待解决的关键问题。

1.3.1.2 理论分析法

关于采用抗剪强度参数进行地基承载力理论计算的研究已有 160 多年的历史。1857 年，朗肯首先提出了地基承载力的计算公式；1920 年普朗特尔在假定基底光滑和地基土重度为零的条件下，运用极限平衡理论提出了条形基础地基承载力计算公式；随后雷斯诺于 1924 年修正了普朗特尔提出的公式，将基础埋深纳入公式的计算范围。由于普朗特尔-雷斯诺公式没有考虑地基土重度对地基承载力的影响，导致地基承载力理论计算值往往小于其实测值；后续学者主要从这一角度着手对普朗特尔-雷斯诺公式进行改进，但普朗特尔提出的关于地基土滑动破坏面假设条件一直沿用至今。太沙基在前人工作基础上于 1943 年提出考虑地基土重度和基础底面粗糙度的条形基础、均布荷载下地基承载力计算公式，也是历史上首次提出将地基承载力用地基土重度、黏聚力和基础埋深三部分表示的公式，现行规范中仍然使用这种框架计算地基承载力；然而，在地基承载力系数取值方面不同学者持有不同观点。如 20 世纪 50 年代，迈耶霍夫在考虑基础两侧土体抗剪强度基础上对地基承载力系数 N_γ 进行了修正；1970 年，汉森将上部荷载的偏心、倾斜纳入承载力系数的计算范围，提出了考虑上部荷载倾斜、偏心影响的地基承载力计算公式；20 世纪 70 年代，魏锡克从地基土的破坏形式出发，针对不同破坏形式提出了不同的地基承载力计算公式，并将土体压缩对计算结果的影响纳入了公式的考虑范畴。

由于地基承载力解析解影响因素众多，近代学者在前人工作基础上从不同影响因素出发提出了众多与地基承载力计算相关的理论。如在基础形式方面，周中、李伟、王祥秋、王哲、刘拴奇等分别就矩形、方形、条形和圆形浅基础作用下的地基承载力进行了相应研究；以往在进行不同形状浅基础设计时往往采用条形基础地基承载力与修正系数相乘的方法进行估算，这些学者的研究成果促进了不同结构形式浅基础在工程实践中的运用。从土体抗剪强度理论的角度，经典地基承载力计算公式中以库伦抗剪强度定律作为土体屈服或破坏的标准，忽视了中主应力对地基承载力的贡献；范文、高江平、王祥秋、隋凤涛等基于统一强度理论将中主应力的影响纳入了地基承载力的计算范畴，致使理论计算结果充分体现了地基土强度对其承载力的贡献。此外，近代学者在特殊工况下地基土承载力计算方面的研究也取得了丰富成果，如非均质地基土、坡面地基土、倾斜、偏心荷载作用下的地基土等，在此不再赘述。

值得注意的是，无论上述学者基于何种角度修正经典地基承载力理论计算公式（或采用何种形式提出新的地基承载力理论计算公式），都沿用了经典地基承载力理论计算公式的框架模式，即均是在考虑黏聚力、旁侧荷载和地基土重度影响下计算地基承载力；这些学者研究工作的主要贡献在于针对某一种具体工况下的地基承载力计算问题进行承载力系数的修正，但这个承载力系数仍然是内摩擦角（φ）的函数，是与地基土力学性质有关的变量。地基承载力理论公式计算结果往往与试验测试结果存在出入，其中一个重要原因是在公式推导过程中无论使用极限平衡法还是极限分析法，都假设地基土是强度参数（c、φ）不发生变化的刚塑性体，进而把地基承载力系数当作一个常数来计算。而实际上某些工况下在加载过程中地基土的强度参数是发生变化的（如加载过程中地基土明显被压密），这在软土地基上表现得更为明显。钙质砂在低应力水平下就会发生颗粒破碎；加载过程中钙质砂不仅会变得更加密实，颗粒级配也会发生变化，必将导致加载过程中土体强度参数的变化，采用破碎前的强度参数获取的地基承载力理论计算值与发生颗粒破碎后的地基承载力实测值间存在一定的偏差。

1.3.2　地基浅基础变形特性研究概况

地基土的变形破坏模式与其承受荷载的能力息息相关，因此在讨论地基土破坏模式前必须先对其承受荷载的能力进行分析。地基土承受荷载的能力简称地基承载力（单位：kPa），定义为单位面积地基土所能够承受的荷载。地基土的主要破坏形式为剪切破坏，故地基承载力本质上是指地基土对由外部荷载所引起的剪应力的抵抗能力。由于对地基土破坏标准的定义不同，地基承载力又可分为两种不同类型：第一种为极限承载力（P_u），定义为单位面积地基土所能够承受的最大荷载，反映在 P-S 曲线上为出现陡降段前的一级荷载，基底应力若超过了地基土的极限承载力，地基土在强度和变形上均不能满足工程设计的要求，对应地基土承载能力的极限状态；第二种为容许承载力或承载力特征值，定义为地基土不发生剪切破坏或沉降不超过允许值时所对应的荷载。其中地基土不发生剪切破坏时所能承受的最大荷载为临界荷载（P_{cr}），地基土在偏心荷载作用下基础沉降量达到基础尺寸特征值 1/3 时对应的荷载 $P_{1/3}$，或在中心荷载作用下基础沉降量达到基础尺寸特征值 1/4 时所对应的荷载 $P_{1/4}$ 为临塑荷载，临界荷载和临塑荷载均对应地基土安全使用的极限状态。

地基土变形破坏可以划分为弹性变形阶段、塑性剪切阶段和塑性流动阶段三个阶段，如图 1.3 所示。弹性变形阶段又称线性压缩阶段，对应图 1.3 中 P-S 曲线的 O-Ⅰ段；这一阶段内地基土的变形主要是由基底应力作用范围内土体的压缩引起的，地基土中的任一点均处于弹性平衡状态，土体所承受的荷载远小于其极限抗剪强度；这一阶段的极限荷载称为临界荷载或比例界限荷载，表征土体由弹性压缩阶段向塑性剪切阶段过渡的界限，或 P-S 曲线由直线型向曲线型过渡的界限。塑性剪切阶段又称剪切变形阶段，对应图 1.3 中 P-S 曲线的Ⅰ-Ⅱ段；从这一阶段开始地基土发生塑性破坏，塑性区首先出现在基底两侧边缘，并且随着荷载的增大塑性区的范围逐渐扩展，但并未在土体中形成连续贯通的破坏面；P-S 曲线呈现出明显的非线性特征，塑性剪切阶段结束时所对应的荷载为地基土的极限荷载（P_u），也是塑性剪切阶段和塑性流动阶段的分界点；此外，临塑荷载（$P_{1/3}$ 或 $P_{1/4}$）一般也位于这一阶段。塑性流动阶段又称完全破坏阶段，对应图 1.3 中 P-S 曲线的Ⅱ-Ⅲ段。这一阶段内地基土中的破坏面在荷载作用下完全贯通，基础四周的土体隆起或出现比较明显的裂缝，P-S 曲线呈陡降型，只需施加较小的荷载增量便可使地基土沿着破坏面滑动，基础沉降明显；地基土沿滑动破坏面的塑性流动是这一阶段土体变形的主要原因，最终结果会导致地基基础沉降量过大，或出现较大差异沉降。地基土变形破坏的三个阶段描述了土体受荷破坏的整个过程；值得注意的是，对某种特定的地基土进行压载试验过程中，可能仅仅观察到塑性剪切阶段和塑性流动阶段，弹性变形阶段时间较短甚至不出现，这是由地基土的性质、基础的埋深、加荷方式等因素共同决定的。

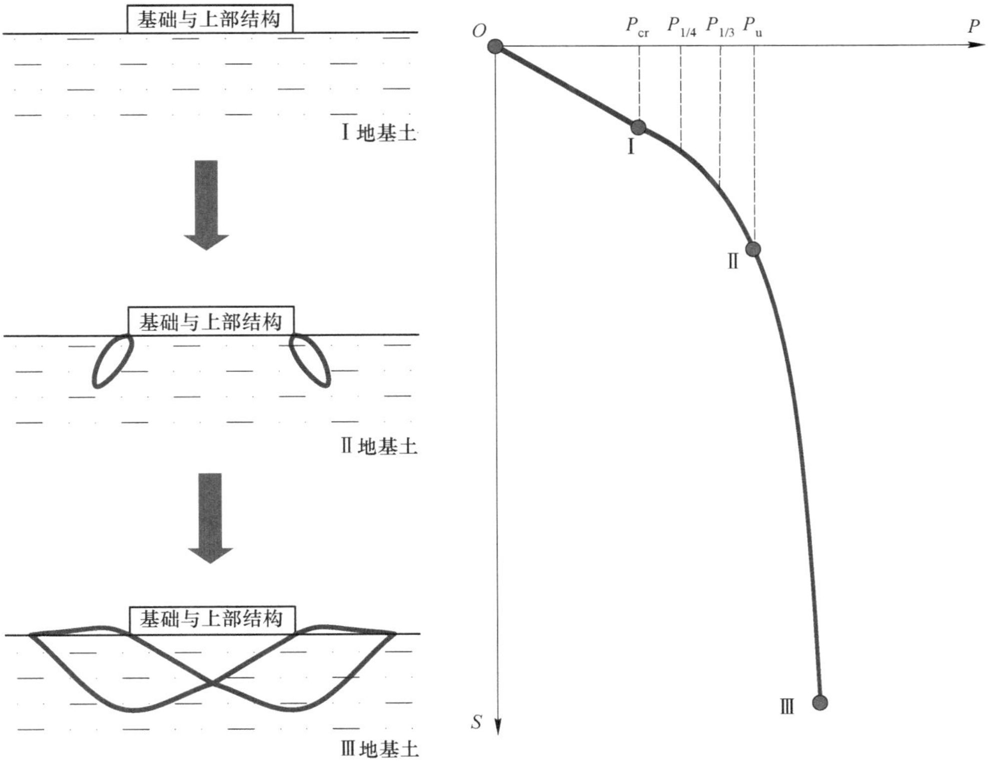

图 1.3 地基土变形破坏的发展过程

依据地基土的类型、密实程度、基础的埋深、剪切破坏的发展过程以及所对应的 P-S 曲线形态，可将地基土的破坏模式分为整体剪切破坏、局部剪切破坏、冲剪破坏三种。整体剪切破坏通常发生在基础埋深较浅，土质密实均匀的砂类土、黏性土地基中，是一种在荷载作用下因破裂面贯通而产生连续滑动的地基土破坏模式。发生该种破坏模式的地基土强度能够得到充分发挥，最终基础和上部结构会向地基土强度较低的一侧倾倒而破坏。在该种破坏模式下，地基土随着所受荷载的增大依次经历了弹性压缩阶段、塑性剪切阶段和塑性流动阶段，其 P-S 曲线存在比较明显的临界荷载（P_{cr}）、临塑荷载（$P_{1/3}$ 或 $P_{1/4}$）和极限荷载（P_u），如图 1.4（a）所示。局部剪切破坏通常发生在基础埋深较大，土质为中等压缩性的砂土、粉土、黏性土等松软地基中，是一种在荷载作用下地基土中抗剪强度低的一侧土体首先达到极限强度的破坏模式，破坏滑动面不会贯穿到地面，基础和上部结构因为地基土沉降变形过大而丧失使用能力。在该种破坏模式下不存在弹性压缩阶段，或弹性压缩阶段极为短暂，其 P-S 曲线几乎从开始就呈现出非线性增长的趋势，曲线平滑，没有明显陡降过程，从 P-S 曲线上不易找出极限荷载（P_u），如图 1.4（b）所示。冲剪破坏一般发生在基础埋深较大且高压缩性的松砂、软土地基中，是一种在荷载作用下基础周围土体被垂直剪切的破坏模式；地基土中一般不存在破裂滑动面，基础沉降量大且无明显倾斜。在该种破坏模式下，地基土的沉降变形是评价其是否破坏的主要标准，其 P-S 曲线近乎为一条陡降的曲线，不存在弹性压缩阶段，区分塑性剪切阶段和塑性流动阶段的拐点也不明显，确定极限荷载（P_u）较为困难，如图 1.4（c）所示。

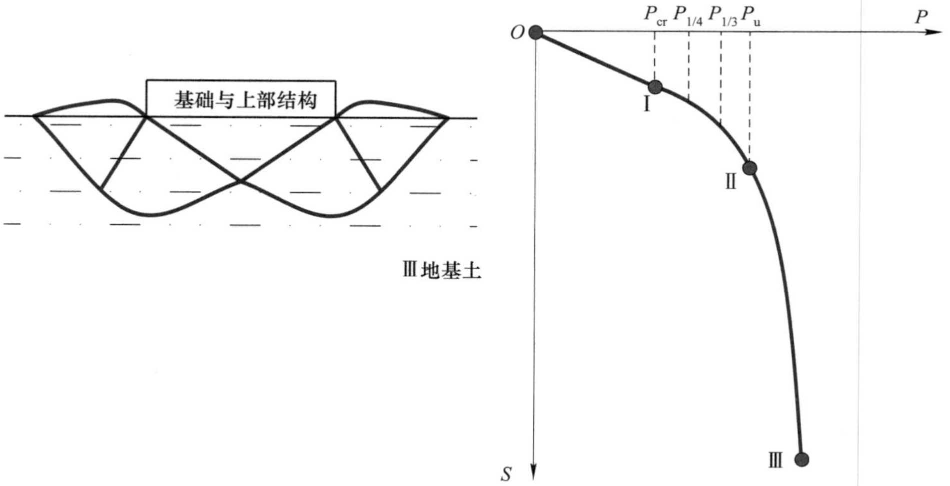

(a)

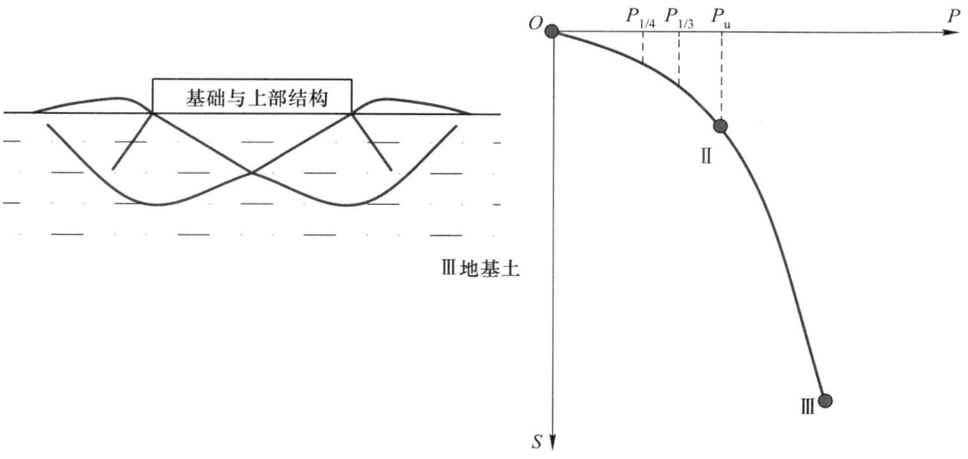

(b)

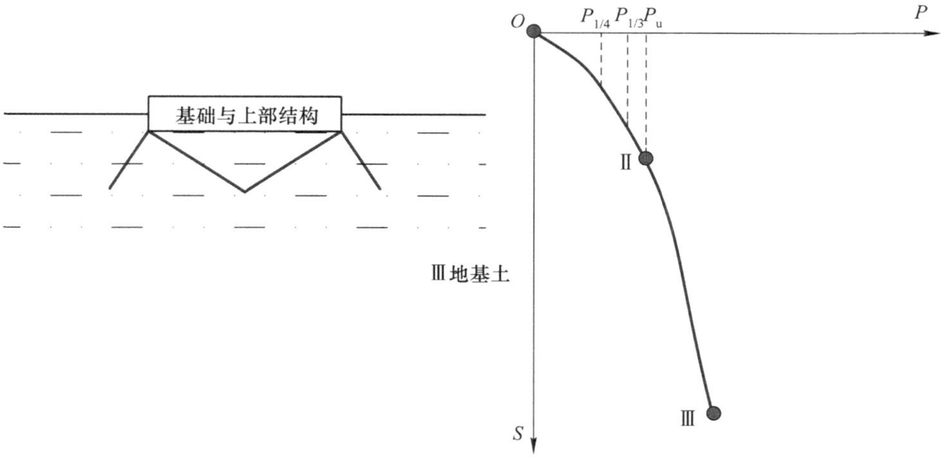

(c)

图 1.4 地基土的三种破坏模式及其对应的 P-S 曲线

值得注意的是，通常采用的地基承载力计算公式（如普朗特公式、太沙基公式、斯凯普顿公式、汉森公式等）均是在地基土发生完全剪切破坏的假设下推导出的。对于局部剪切破坏和冲剪破坏下的地基承载力，尚无明确的计算公式可以使用。部分学者提出通过对完全剪切破坏模式下地基承载力理论计算公式进行修正，以用于计算这两种非完全剪切破坏模式下的地基承载力。但这种方法是否适用于非完全剪切破坏模式下地基承载力的计算仍有待考究，建议仅用理论公式计算法进行完全剪切破坏模式下地基承载力的计算。

1.4　珊瑚砂地基浅基础的研究框架

虽然目前关于浅基础工程特性和珊瑚砂物理力学性质方面的研究成果丰富，但珊瑚砂作为一种特殊的地基土类型，关于其在浅基础下的工程力学特性学者们得出的结论不尽相同，尤其是在对珊瑚砂与陆源硅质砂地基承载力评估方面更为明显。无黏性土的密实度（或初始孔隙比）、应力状态及体变特征系控制其地基承载力的主要因素。鉴于此，笔者在综述相关文献资料基础上，首先从珊瑚砂的干密度特征、应力状态和剪切过程中的体积变形特征三个角度对珊瑚砂地基浅基础的承载特性开展系统研究。

目前关于珊瑚砂地基承载力方面的研究仍是在借鉴陆源无黏性土相关经验基础上开展的，即仅考虑相对密度（D_r）的影响，而忽略了初始孔隙比的影响。而实际上，由于两种岩土介质的矿物成分（或比重 Gs）、颗粒形状和强度均存在较大差异，故同等相对密度（D_r）下两者孔隙比（e）相差较大。如王新志等对相似级配的钙质粗砂与硅质粗砂地基开展了室内平板载荷试验对比研究，钙质粗砂的初始孔隙比（e）变化范围为 0.766~1.405，而硅质粗砂的初始孔隙比（e）变化范围仅为 0.485~0.970。为此，本章提出了基于颗粒破碎率指标评价的珊瑚砂不同相对密度试样制备方法，并对珊瑚砂的界限孔隙比特征进行了分析，研究成果有助于从初始孔隙比（e）的角度开展珊瑚砂与陆源土地基浅基础工程特性对比研究工作。

相关研究结果表明，地基土所处的应力状态对其在浅基础下的工程特性存在较大影响。对室内模型试验而言，应力状态的模拟主要体现在如下两个方面：一是模拟 k_0 固结状态给模型施加任意水平的水平荷载；二是模拟基础埋置深度在模型表面施加超载应力。为此，本书开展了针对珊瑚砂的静止土压力系数研究，揭示了含水量（w）和相对密度（D_r）对珊瑚砂静止侧压力系数（k_0）的影响；在对比研究不同静止侧压力系数（k_0）理论计算公式对珊瑚砂适用性的基础上，明确了珊瑚砂地基静止侧压力系数（k_0）的估算公式。

在此基础上开展了缩尺模型试验，通过室内平板载荷模型试验依次探讨了地基土的密实度、级配、饱和度、承载板的形状、尺寸对珊瑚砂地基浅基础工程特性的影响，并与现场载荷试验结果进行对比分析。为开展应力状态对地基土承载特性的影响研究，自主研制了一台适用于平板载荷模型试验的大型三维模型箱装置，并通过试验论证了该装置对三维应力状态下地基土强度、变形特性测试的适用性。

最后基于室内三轴固结排水剪切试验，建立了相变孔隙比（e_{pt}）、临界孔隙比（e_{cr}）与相对密度（D_r）、有效围压（σ_3'）间的联系，据此提出了珊瑚砂胀缩性判定标准，以及考虑颗粒破碎的强度指标确定方法，并基于弹塑性理论提出珊瑚砂地基浅层基础承载力计算方法。

技术路线图如图 1.5 所示。

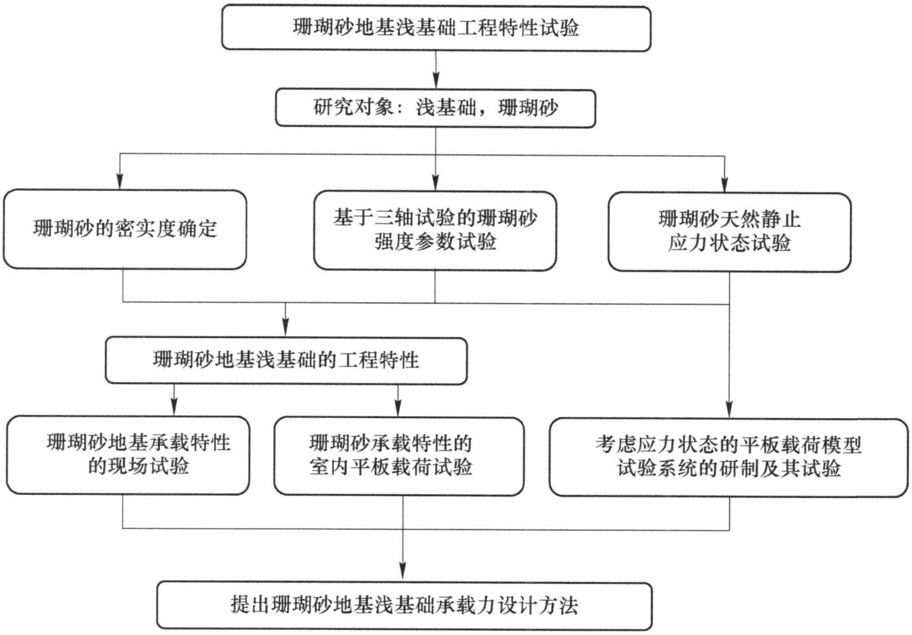

图 1.5　技术路线图

2　珊瑚砂的密实度确定

珊瑚砂是海洋生物成因的特殊土，其 $CaCO_3$ 含量普遍在 90%以上，并具有颗粒形状不规则、易破碎、高孔隙比等显著区别于陆源砂的材料属性，因而呈现出独特的密实度特征。最大、最小干密度是计算砂土相对密度所必需的参数，而相对密度又是衡量砂土密实度的重要物性指标；因此，准确测量珊瑚砂的最大、最小干密度对珊瑚砂物性状态的描述至关重要。国内从事珊瑚砂研究的学者多关注于珊瑚砂的颗粒形状与破碎特性、桩基承载性能、珊瑚骨料混凝土工程特性的研究，对珊瑚砂最大、最小干密度以及试验方法的研究甚少。

近年来，随着吹填造岛工程的兴起，必然面临着吹填岛礁地基密实度评价问题；因而准确获取珊瑚砂最大、最小干密度具有十分重要的现实意义。本章以某吹填岛礁珊瑚砂为研究对象，在分析颗粒粒径分布曲线基础上对原始级配珊瑚砂的最大、最小干密度特征开展试验研究。在最大干密度测试过程中考虑了颗粒破碎的影响，采用表面振动压实法对干燥和近饱和两种物性状态下的珊瑚砂样进行了测试，并结合测试结果和试验操作复杂程度评估干土法和湿土法的优劣。在最小干密度测试过程中，分别采用了原始级配法和剔除法对干燥状态下珊瑚砂的最小干密度进行了测试。同时，为研究珊瑚砂最大、最小干密度随颗粒粒径的演化规律，对单一粒径珊瑚砂分别开展了最大、最小干密度测试；在进行单一粒径珊瑚砂最小干密度测试时考虑了湿度对珊瑚砂最小干密度的影响，并对规范规定的量筒法和漏斗法两种试验方法的测试结果进行了比较；在进行单一粒径珊瑚砂最大干密度测试时分别采用了手动测试和电动机械测试两种试验方法，并对试验过程中的颗粒破碎规律进行了分析。

2.1　研究现状

由于试验设备对颗粒粒径限制，对土体最大干密度的研究主要采取两种方法：一种是直接测取土体最大干密度的方法，通过改进传统试验设备使其对颗粒粒径的适用范围扩大到能满足工程实践需要的程度；另一种是间接测取土体最大干密度的方法，即在现有试验设备基础上通过对超径颗粒折算处理的试验方法。间接测试法是目前主流的研究方法。如朱崇辉等采用剔除法处理超径颗粒，并指出土样的最大干密度与剔除量及剩余量间存在较强的线性关系。郭庆国等运用等量替换法计算含有超径颗粒土样的最大干密度，并与实测值进行对比，发现计算结果能够满足精度要求。史彦文以大粒径砂卵石为研究对象，采用相似级配法在较小容器内测试土样的最大干密度，并取得较理想试验结果。上述学者的研究对象虽然不是珊瑚质粗粒料，但其研究方法对珊瑚砂最大、最小干密度的测试具有很好的借鉴意义。国内学者对珊瑚砂最大干密度试验方法的关注甚少，大多是采用击实法获取该参数值。如余强等在珊瑚礁砾石土压实特性试验研究中，首先采用了剔除法将超径颗粒予以剔除，然后分别分析了粗颗粒含量、击实功和击实层数对其最大干密度的影响；然而，该项研究中忽视了珊瑚砂颗粒易破碎的特性，忽略了颗粒破碎对珊瑚砂最大干密度的影响。

国内学者对土体最小干密度的研究主要集中在具体的试验操作上。如范德华等通过对试验仪器的改进和具体试验步骤的优化，对砂样的最小干密度进行了测试；然而，研究范围仅限于最大粒径小于 5 mm 的干燥土样，对粒径大于 5 mm 土样最小干密度的测试方法及其最小干密度随含水量的演化规律并没有给出详细说明。

2.2 最小干密度试验与结果分析

2.2.1 试验设计与方法

试验所用珊瑚砂取自某岛礁吹填区域，各粒组珊瑚砂是在对原有砂样烘干并冷却至室温后通过筛分试验获得的。依据《土工试验方法标准》（GB/T 50123—2019）的规定，测试土样最小干密度的漏斗法和量筒法的粒径适用范围是不大于 5 mm。本次试验土样中存在粒径大于 5 mm 的粗颗粒，且颗分试验结果表明粒径大于 5 mm 粗颗粒的质量占试样总质量的 7.48%。为获取原始级配珊瑚砂样的最小干密度，首先在颗分曲线基础上确定出各个粒组颗粒的质量比例，再配置出满足试验规定质量（700 g）的珊瑚砂样开展最小干密度测试。同时，为研究粗颗粒对珊瑚砂最小干密度测试结果的影响，试验过程中采用逐级剔除法，分三级粒径（20 mm、10 mm 和 5 mm），分别在剔除大于该粒径颗粒后开展最小干密度测试，并与原始级配下的测试结果进行对比。值得注意的是，由于试样中存在粒径大于 5 mm 的颗粒，因此漏斗法不再适用；试验采用量筒法，且最小干密度为多次测量后试验结果的平均值。珊瑚砂样及其颗粒粒径分布曲线如图 2.1 和图 2.2 所示，原始级配与采用剔除法处理后的珊瑚砂样级配参数，见表 2.1。

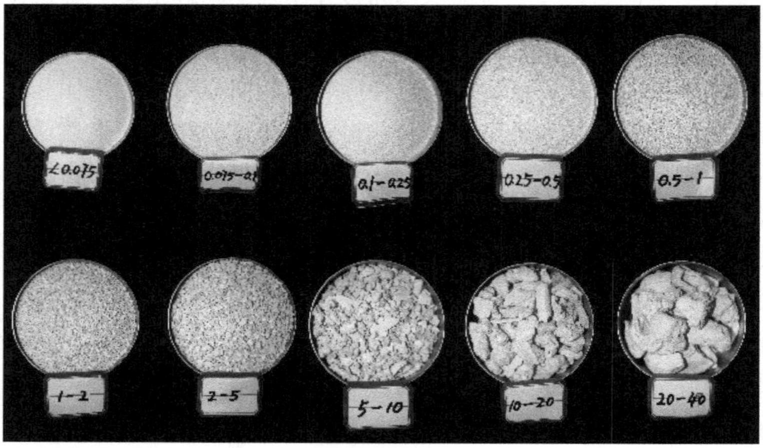

图 2.1　不同单一粒径珊瑚砂样

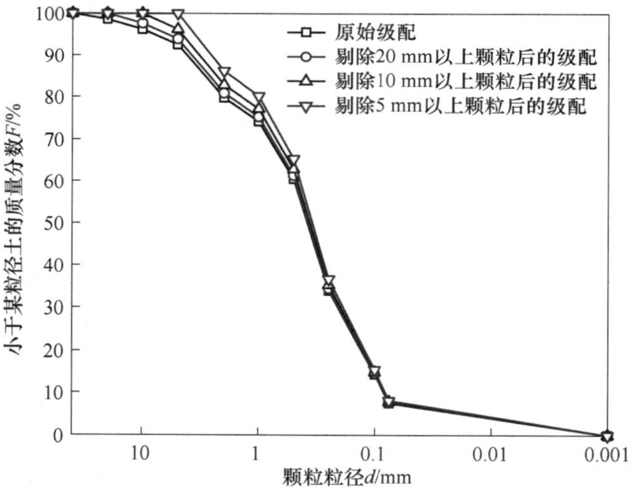

图 2.2　原始级配与采用剔除法处理后的珊瑚砂样颗粒粒径分布曲线

图 2.2 彩图

表 2.1　原始级配与采用剔除法处理后的珊瑚砂样级配参数

级配	不均匀系数 C_u	曲率系数 C_c	级配特征	定名
原始级配	5.88	1.16	级配良好	中砂
剔除 20 mm 以上颗粒后的级配	5.82	1.15	级配良好	中砂
剔除 10 mm 以上颗粒后的级配	5.72	1.14	级配良好	中砂
剔除 5 mm 以上颗粒后的级配	5.56	1.12	级配良好	中砂

针对颗粒粒径 5 mm 以下的珊瑚砂样，为探究最小干密度与颗粒粒径间的联系并揭示含水量对最小干密度的影响，开展了单一粒径珊瑚砂样最小干密度试验研究。将珊瑚砂样烘干并冷却至室温后通过筛分试验获取 2~5 mm、1~2 mm、0.5~1 mm、0.25~0.5 mm 和 0.075~0.25 mm 五个粒组的试样，分别采用漏斗法和量筒法对不同单一粒径干燥珊瑚砂样的最小干密度进行测试，并对比分析漏斗法和量筒法的测试结果。然后按照 4%的湿度梯度向不同单一粒径干燥珊瑚砂样中加入适量的水，测试其在不同含水量状态下最小干密度的变化。

试验所用仪器包括分度值 10 mL、容量 1000 mL 的量筒、长杆漏斗、锥形塞杆、砂面抚平器等。锥形塞杆应具有足够长度，以便于执行边旋转边上升的操作步骤；长杆漏斗和锥形塞杆在提升过程中应保持匀速，维持与砂面距离的恒定，且避免触碰砂面或量筒内壁，防止由于振动影响珊瑚砂最小干密度的测试。

2.2.2 试验结果与分析

针对原始级配及逐级剔除粗颗粒后的珊瑚砂样开展最小干密度测试。试验结果如下。

（1）原始级配珊瑚砂样的最小干密度（ρ_{dmin}）为 1.17 g/cm^3，即试样的最大孔隙比（e_{max}）为 1.38。

（2）逐级剔除粗颗粒后的珊瑚砂样与原始级配珊瑚砂样的最小干密度偏差在 10%以内，且剔除粒径 5 mm 以上粗颗粒后的珊瑚砂样与原始级配珊瑚砂样的最小干密度偏差仅约 5%；这一结果亦表明当粗颗粒含量较少时可使用剔除法量测珊瑚砂样的最小干密度。

图 2.3 展示了不同单一粒径干燥珊瑚砂样最小干密度测试结果。

从图 2.3 中可以看出以下几点。

（1）珊瑚砂样的最小干密度随颗粒粒径的减小而逐级递增，且颗粒粒径 0.001~0.075 mm 珊瑚砂样的最小干密度（1.11 g/cm^3）最大，相应的最大孔隙比（1.50）最小。这是由于颗粒粒径越小，在自重作用下颗粒自然堆叠过程中的粒间孔隙亦越小，同等条件下的最小干密度越大。

（2）与原始级配珊瑚砂样的最小干密度（1.17 g/cm^3）相比，单一粒径珊瑚砂样的最小干密度更小。单一粒径珊瑚砂样内颗粒粒径分布范围较窄（或颗粒粒径更为均匀），自然堆叠情况下细颗粒填充粒间孔隙的概率较小；而原始级配珊瑚砂样级配良好，有足够的细颗粒填充粗颗粒间的孔隙，故粒间孔隙较单一粒径珊瑚砂样更小，相应的最小干密度更大。

由图 2.3 还可看出，漏斗法较量筒法测得的体积偏小，因此使用漏斗法获取的最小干密度较量筒法更大。然而，随颗粒粒径的减小使用两种方法获取的最小干密度间的偏差呈现出递减趋势。导致该一现象的原因主要如下。单一粒径珊瑚

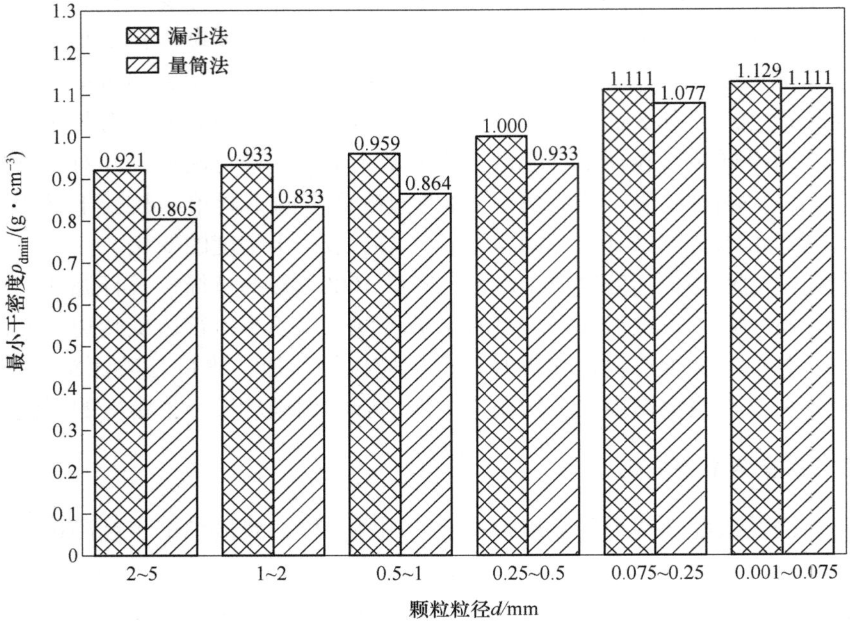

图 2.3　不同单一粒径干燥珊瑚砂样的最小干密度

砂样内颗粒粒径相差较小，近乎不存在小颗粒填充大颗粒间孔隙的现象。在使用漏斗法测量珊瑚砂样体积的过程中，颗粒从漏斗口部下落时具有一定的势能，且势能随颗粒粒径的增加而增大。该势能使得颗粒间以及颗粒与量筒内壁间的孔隙减小，且在颗粒粒径较大时尤为明显；当颗粒粒径较大时，受漏斗口部尺寸的限制，颗粒下落过程极为缓慢，甚至是一个接一个地缓慢下落，使得颗粒间的堆积更为紧密。然而，当使用量筒法测量珊瑚砂样体积时，由于整个过程是缓慢进行的，试验过程中仅是改变了试样内各个颗粒间的相对位置，颗粒具有的势能较小，颗粒间以及颗粒与量筒内壁间的孔隙（尤其是颗粒与量筒内壁间的孔隙）较大，且这种现象随颗粒粒径的增加表现得更为明显。值得注意的是，当颗粒粒径小于 0.25 mm 时，使用漏斗法和量筒法过程中颗粒与量筒内壁间的孔隙体积差异较小；因此使用这两种方法获取的粒径小于 0.25 mm 珊瑚砂样体积（或最小干密度）间的偏差也不大。

图 2.4 所示为不同单一粒径珊瑚砂样最小干密度随含水量的变化。从图 2.4 中可看出：不同单一粒径珊瑚砂样的最小干密度随含水量的增加均呈现出减小趋势，但总体上减小的幅度不大；相较于细颗粒珊瑚砂，粗颗粒珊瑚砂样最小干密度随含水量增大而减小幅度更小。值得注意的是，当对具有一定含水量的珊瑚砂样开展最小干密度测试时，由于砂颗粒与玻璃量筒内壁会产生一定的吸附力，导

致珊瑚砂样中出现较大孔洞，致使测试结果失真。对粒径小于0.25 mm的珊瑚砂样，当含水量达到4%时就足以使试样内产生较大孔洞；而对粒径2~5 mm的珊瑚砂样，当含水量达到16%时才会在试样内出现孔洞现象（见图2.5）；这与不同单一粒径珊瑚砂样的持水性关系密切。

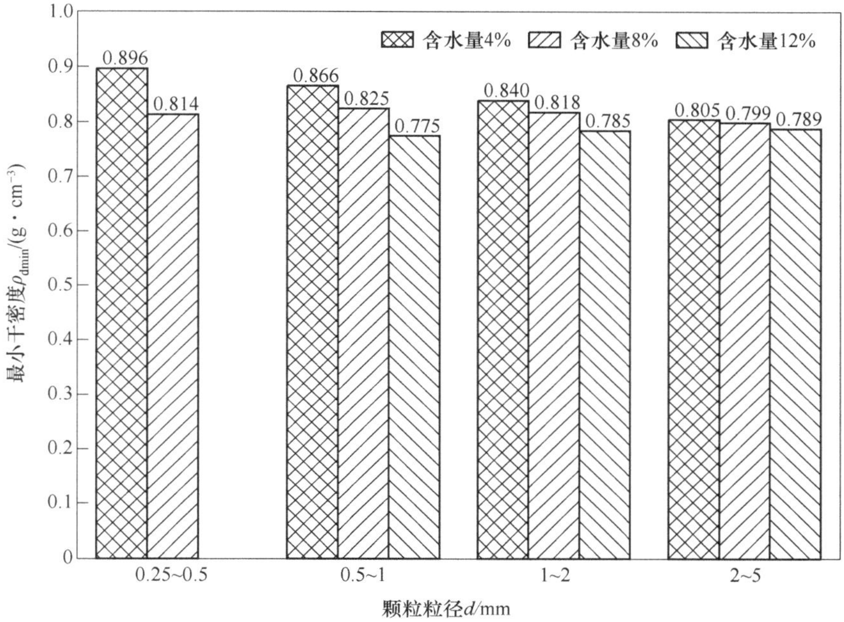

图2.4 不同含水量下单一粒径珊瑚砂样的最小干密度

图2.5 不同含水量下单一粒径珊瑚砂样的最小干密度试验

2.3　最大干密度试验与结果分析

2.3.1　试验设计与方法

珊瑚砂颗粒具有低应力下易破碎的特性。如果在进行最大干密度试验过程中存在显著颗粒破碎现象，致使粗颗粒含量减小和细颗粒含量增加，必将导致最大干密度测试值与原始级配珊瑚砂样最大干密度真实值间存在偏差。本章开展珊瑚砂最大干密度研究的目的是基于颗粒破碎评估条件下，寻求适用于珊瑚砂最大干密度测试的试验方法。试验所用珊瑚砂样同样取自某岛礁吹填区域；为使本章研究结果具有普遍性，试验中选取了两种不同级配珊瑚中砂作为研究对象。试样的颗粒粒径分布曲线和级配参数分别如图 2.6 和表 2.2 所示。

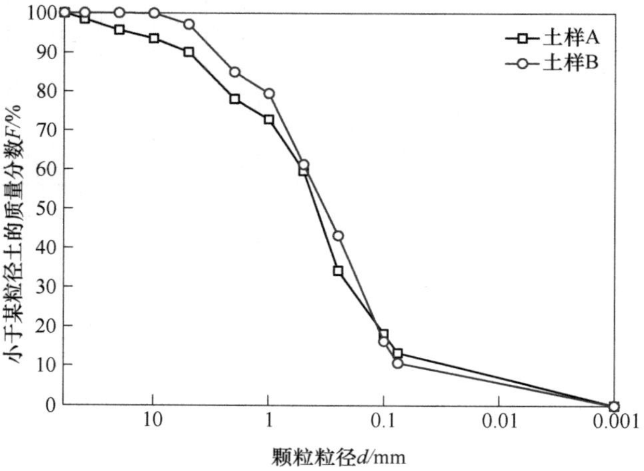

图 2.6　最大干密度试验用珊瑚砂样的颗粒粒径分布曲线

表 2.2　最大干密度试验用珊瑚砂样的级配参数

土样代号	不均匀系数 C_u	曲率系数 C_c	级配特征	定名
土样 A	5.88	1.16	级配良好	中砂
土样 B	6.82	0.94	级配不良	中砂

筛分试验结果显示两种珊瑚砂样中均存在粒径大于 20 mm 的粗颗粒。依据《公路土工试验规程》（JTG 3430—2020）的规定，可采用表面振动压实法开展最大干密度测试。为揭示含水量对最大干密度测试结果的影响，本章分别采用了干土法和湿土法两种试验方法开展珊瑚砂样最大干密度的试验研究。

试验仪器为 BZYS-4212 型表面振动压实仪（见图 2.7）；该设备具体参数如

下：电源电压为 380 V，电机功率 0.75～2.2 kW，振动频率 30～50 Hz，激振力 10～80 kN，夯板作用在试样表面静压力可达 18 kPa 以上。大直径试样筒内径为 280 mm，深 335 mm；小直径试样筒内径为 152 mm，深 215 mm。由于试样中含有粒径大于 40 mm 的粗颗粒，故本次试验采用内径 280 mm、深 335 mm 的大直径试样筒开展试验测试工作。

图 2.7 表面振动压实仪实物图

振实前将干燥珊瑚砂样混合均匀后分 3 等份并依次置入试样筒，每次置入试样后振实 6 min。振实过程中细颗粒常会沿着振锤与试样筒内壁间的缝隙溅出；为尽可能减少试样的质量损失，可用透明塑料薄膜覆盖在试样筒上部并紧固于试样筒边缘。在第 1 次和第 2 次振实完成后，需用毛刷将振锤底部黏接的细颗粒收集起来并重新置入试样筒中，规避由于试验操作不当引起的试样质量损失。第 3 次振实完成后，称量并记录试样筒和筒内试样的总质量；振锤上部和试样筒边缘溅落的细颗粒珊瑚砂不可计入试样筒和筒内试样的总质量，以免测试结果失真。

向干燥珊瑚砂样中加入适量的水制备饱和试样（含水量约 25%），并浸泡放置约 24 h，使其处于均匀饱和状态。同样分 3 层振实，且每层振实 6 min。对饱和珊瑚砂样，振实过程中含水细颗粒珊瑚砂呈泥浆状沿着筒壁和振锤间的缝隙溅出；此时不仅需要采取在试样筒上部覆盖透明塑料薄膜的措施，还需及时收集从试样筒中溅出的砂浆，对其处理方法与干燥试样的振实操作过程相同。试验结束后，测定试样筒内珊瑚砂样的含水量，作为其最终的含水量。

试验结果准确性控制的关键因素之一取决于对振实后砂样体积的测量精度。测量前先用一根细绳沿试样筒径向绷直并放置于试样筒筒沿上，然后沿着绷直细绳的方向量测试样筒顶部距砂面的距离。测量时先沿细绳长度方向 3 等分取 3 个测点，并平行量测 3 次；然后将细绳旋转 90°方向重复上述操作，再量测 3 次；最后取量测结果的平均值计算砂样体积。

针对单一粒径珊瑚砂样的最大干密度，分别采用手动相对密度仪和电动土壤相对密度仪两种方法进行测试。基于手动测试法和电动机械测试法试验结果的对比分析，揭示单一粒径珊瑚砂最大干密度和颗粒破碎随颗粒粒径的演化规律，具体的操作过程如图 2. 8 所示。

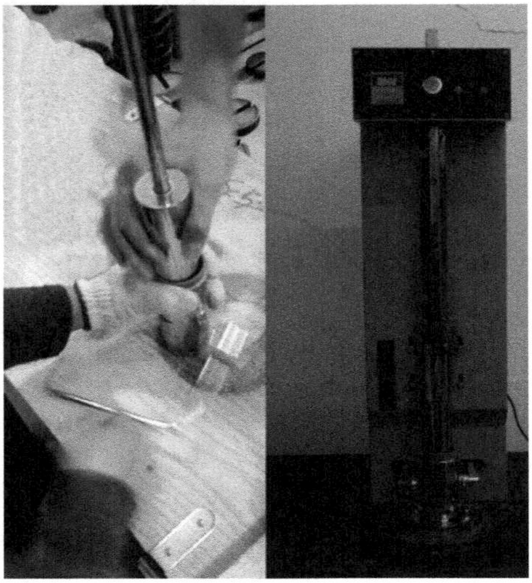

图 2. 8　基于手动测试法和电动机械测试法的最大干密度试验

试验所用仪器包括 XD-1 型手动土壤相对密度仪和 JDM-I 型电动土壤相对密度仪。金属容器筒内径为 50 mm，高 127 mm，容量为 250 mL；击锤质量为 1. 25 kg，锤直径 5 cm，落高 15 cm，锤击频率为 32 次/min；振动锤每分钟敲击 155 次；电动土壤相对密度仪计时器的定时范围为 0～15 min，功率为 120 W，电源为 220 V，电机频率为 50 Hz。试验过程中分 3 层装样击实，并将电动土壤相对密度仪的计时器设定为 5 min，每层共锤击 160 次；为在同等条件下对比研究手动测试法和电动机械测试法的试验结果，使用手动测试法时的锤击数亦设置为每层 160 击。

2. 3. 2　试验结果与分析

表 2. 3 展示了两种珊瑚砂样最大干密度的测试结果。基于表面振动压实试验获取的饱和珊瑚砂样最大干密度普遍较干燥珊瑚砂样小；如饱和珊瑚砂样 A 最大干密度较干燥珊瑚砂样 A 小 4. 3%，饱和珊瑚砂样 B 最大干密度较干燥珊瑚砂样 B 小 4. 7%。干燥状态下珊瑚砂样破碎程度较饱和状态下大可能是导致该一结果的主要原因。

表 2.3 干燥和近饱和状态下两种珊瑚砂样最大干密度的测试结果

土样代号	测试方法	含水量 w	最大干密度 ρ_{dmax}/(g·cm^{-3})
土样 A	表面振动压实法	干燥	1.64
	表面振动压实法	近饱和	1.57
土样 B	表面振动压实法	干燥	1.91
	表面振动压实法	近饱和	1.82

图 2.9 呈现了粒径 5 mm 以下不同单一粒径干燥珊瑚砂样最大干密度的试验结果。

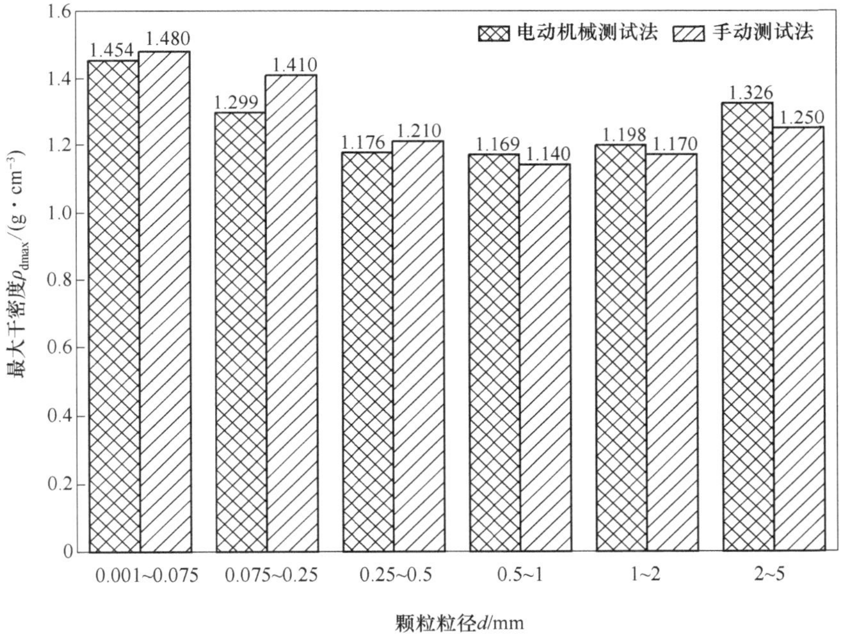

图 2.9 不同单一粒径干燥珊瑚砂样的最大干密度

从图 2.9 中可看出以下几点。

(1) 单一粒径干燥珊瑚砂样最大干密度随颗粒粒径的增大呈现出先减小后上升的趋势；且粒径小于 0.075 mm 珊瑚砂样的最大干密度最大，为 1.45～1.48 g/cm^3，即该粒组珊瑚砂样的最大孔隙比为 0.88～0.92；粒径 0.5～1 mm 珊瑚砂样的最大干密度最小，为 1.14～1.17 g/cm^3，即该粒组珊瑚砂样的最大孔隙比为 1.38～1.44。

(2) 在 0.25～0.5 mm、0.5～1 mm、1～2 mm 三个粒径区间内，珊瑚砂样的最大干密度随颗粒粒径增大呈现出先下降后上升的变化趋势，但三组珊瑚砂最大干密度相差不大，为 1.14~1.21 g/cm^3。

（3）当粒径大于 2 mm 时珊瑚砂样的最大干密度随颗粒粒径的增大呈现出上升趋势。当粒径大于 2 mm 时珊瑚砂样内的粒间孔隙较大，由颗粒破碎生成的细颗粒填充粒间孔隙，致使试样更加密实（或干密度增大）；反之，当粒径小于 2 mm 时珊瑚砂样内的粒间孔隙较小，由颗粒破碎生成的细颗粒在很大程度上只是增加细颗粒的数量，用于填充粒间孔隙的细颗粒较少，即由颗粒破碎导致干密度增加的现象并不明显。

为定量研究最大干密度测试过程中不同单一粒径干燥珊瑚砂样的颗粒破碎程度，本章采用颗粒平均破碎量（B）定量描述珊瑚砂样的颗粒破碎量。颗粒平均破碎量（B）可表述为：

$$B = \frac{M_1 - M_2}{M_1} \times 100\% \tag{2.1}$$

式中　B——颗粒平均破碎量,%；

M_1——试验前珊瑚砂样的质量，g；

M_2——试验后与试验前颗粒粒径相同的珊瑚砂样质量，g。

图 2.10 所示为不同单一粒径干燥珊瑚砂样的颗粒平均破碎量。使用电动相对密度仪测试干燥珊瑚砂最大干密度的过程中出现了明显的颗粒破碎现象；当颗粒粒径小于 2 mm 时，颗粒平均破碎量随颗粒粒径的增大而增加；当颗粒粒径大

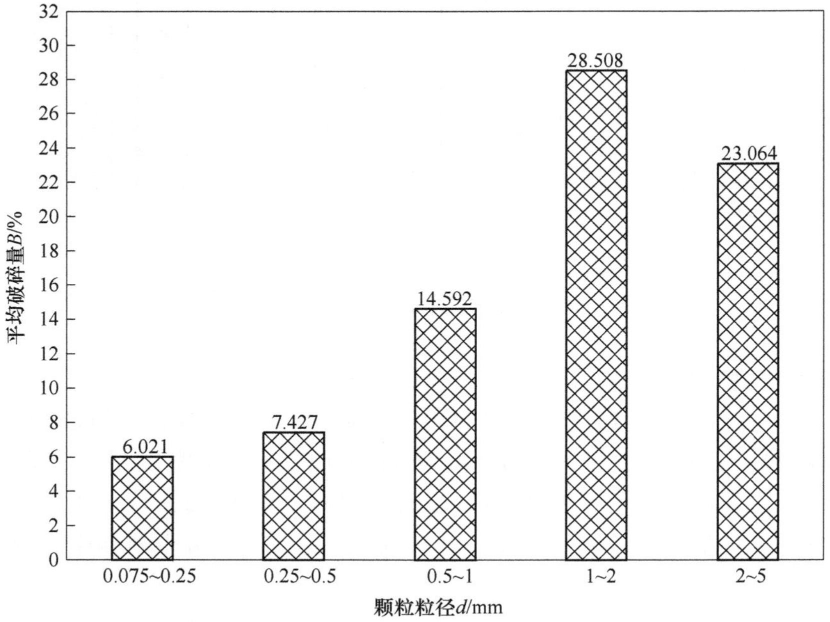

图 2.10　不同单一粒径干燥珊瑚砂样的颗粒平均破碎量

于2 mm 时，颗粒平均破碎量随颗粒粒径的增大而略有减小；且在颗粒粒径5 mm以下不同单一粒径珊瑚砂样中，粒径1~2 mm 珊瑚粗砂的颗粒平均破碎量最大。这可从颗粒粒径和密实度两方面得到解释。当颗粒粒径小于2 mm 时，颗粒粒径对颗粒破碎起主导作用；且颗粒粒径越大越易破碎，相应的颗粒平均破碎量也越大。当颗粒粒径大于2 mm 时，密实度对颗粒破碎起主导作用；2~5 mm 珊瑚砂较1~2 mm 珊瑚砂颗粒粒径更大，相应的粒间孔隙也更大；虽然由颗粒破碎生成的细颗粒填充粒间孔隙会导致试样密实度增大，但密实度的增大也会在一定程度上阻碍颗粒进一步的破碎；这也是2~5 mm 珊瑚砂样最大干密度较1~2 mm 珊瑚砂样大、颗粒平均破碎量却较1~2 mm 珊瑚砂样小的主要原因。

图2.10中的结果也表明手动测试法和电动机械测试法测试结果间差异并不大；若在野外地质勘察场地内不具备电动机械测试法的实施条件，可采用手动测试法替代，测试结果的精度能够满足工程实践的要求；若在室内开展珊瑚砂最大干密度测试，推荐采用电动机械测试法。

3 珊瑚砂地基的天然静止应力状态试验

碳酸盐类土主要分布于热带海洋中。随着海洋资源的开发利用和海上石油工业的发展，由碳酸盐土的特殊性而导致的工程问题日益凸显。在海上石油平台及基础设施建设过程中，曾多次出现因对碳酸盐土工程特性认识不足而引发的桩基突然下沉、承载力不足等工程病害，这也使得工程师们逐渐认识到研究这种特殊岩土介质工程性质（即物理性质、水理性质和力学性质）的重要性。珊瑚砂属于碳酸盐类土，是由造礁石珊瑚群体死亡后的生物遗骸经亿万年沉积而形成的一种海相沉积物，具有高孔隙比、颗粒形状不规则、易破碎和胶结等特征，与陆相沉积物的工程特性存在明显差异。研究珊瑚砂的工程性质，必先了解其在地基土中的天然应力状态。土作为一种各向异性的弹塑性材料，竖向应力的测定与计算目前已经相当成熟，而水平应力多以静止侧压力系数（k_0）来描述。k_0 的准确取值是进行桩侧摩阻力、挡土墙静止土压力、土石坝施工期产生的孔隙水压力计算，以及地下洞穴施工、隧道衬砌、土中预埋管道等工程施工的前提。因此，开展珊瑚砂静止侧压力系数（k_0）研究具有重要的理论意义和实践价值。

静止侧压力系数（k_0）存在多种定义方式。最初太沙基将 k_0 定义为土体在无侧向变形条件下固结稳定后的侧向应力（σ_h）与竖向应力（σ_v）之比，可在 σ_h-σ_v 曲线上用曲线的割线模量来表示；随后 Bishop 在引入有效应力原理基础上提出用减去孔隙水应力后的有效侧向应力（σ_h'）与有效竖向应力（σ_v'）之比描述非饱和土的静止侧压力系数（k_0）；Andrawes 和 Elsohby 认为用有效侧向应力增量（$\Delta\sigma_h'$）与有效竖向应力增量（$\Delta\sigma_v'$）之比定义 k_0 可克服应力历史对静止侧压力系数的影响，可在 σ_h'-σ_v'曲线上用曲线的切线模量来表示。无论静止侧压力系数如何定义，其本质都是对土体在侧向受限条件下承受竖向荷载时所产生的侧向应力的反映，与地基土的强度、变形和稳定性分析关系密切。鉴于静止侧压力系数的重要性，众多学者从土体的密实度、含水量、结构性、应力历史、应力水平、固结时间等方面，对土体的静止侧压力系数开展了大量的室内和原位试验研究，并提出了关于静止侧压力系数确定的理论和经验公式。人工吹填珊瑚礁岛处于特殊的海洋环境，地基中珊瑚砂的应力水平、含水量和密实度沿深度方向分布不均匀，是岛礁地下工程建设中水平应力取值的重要影响因素；因此，本章首先从应力水平、含水量和密实度三个角度综述了前人在静止侧压力系数方面的研究成果，然后对珊瑚砂静止侧压力系数开展系统研究，揭示了其随应力水平、含水量和密实度的演化规律。

关于法向应力对静止侧压力系数的影响，前人已取得丰富研究成果。然而，由于静止侧压力系数的影响因素众多且不同学者的研究重点不同，学者们在法向应力对静止侧压力系数影响方面并未达成一致意见。李文平等使用量程 20 MPa 的高压 k_0 蠕变固结系统，对取自巨野矿区埋深 300~600 m 的六组黏土原状样，开展了法向应力分别为 6 MPa、8 MPa、10 MPa、12 MPa、14 MPa 和 16 MPa 下的 k_0 固结蠕变试验，模拟研究了黏土在地下不同深度处的应力状态，并结合数字图像分析技术揭示了固结过程中黏土微观结构的演化规律；研究结果表明：在高压固结应力下，黏土的静止侧压力系数（k_0）随法向应力的增大呈现出指数型增长的趋势；法向应力的施加引起了黏土矿物颗粒微观结构的变化，是其对静止侧压力系数（k_0）造成影响的本质原因；如法向应力小于 10 MPa 时，黏土的微观结构变化较大，宏观上表现为 k_0 值的急剧增长；法向应力大于 10 MPa 时，微观层面上黏土颗粒的定向排列也基本保持恒定，k_0 值变化幅度也很小。王秀艳等借助多种不同测试方法对取自河北省衡水、黄骅等地区埋深 500 m 以内的多个土样开展了 k_0 固结试验研究，重点研究了静止侧压力系数经典计算公式（3.1）的适用性和使用范围：

$$k_0 = \Delta\sigma_3 / \Delta\sigma_1 \tag{3.1}$$

同时，王秀艳指出土样侧向应力随法向应力的增大而增大，两者间并不存在严格的线性关系。可采用渐进的直线或幂函数形式描述土样侧向应力与法向应力间的联系，且采用幂函数的形式反映土样侧向应力随法向应力演化规律的效果优于直线。基于式（3.1）获取的静止侧压力系数（k_0）对法向应力小于 200 kPa 的浅层土体适用性较强；对法向应力大于 200 kPa 的深层土体，使用式（3.1）获取的静止侧压力系数时计算值较实测值偏小，可能会引发安全事故。建议式（3.1）适用于渗透系数较大的砂土、含钙质结核较多的黏性土，以及法向应力小于 200 kPa 的浅层土体静止侧压力系数计算，对法向应力大于 200 kPa 的深层土体的静止侧压力系数，应依据其实际所处的应力环境通过室内试验测试获取。马金荣等使用 SKA-1 型高压 k_0 固结仪，对取自徐州近郊的老黏土开展了不同固结压力下的 k_0 固结试验，发现老黏土的静止侧压力系数（k_0）随固结压力的增长呈现出增长趋势；且当达到临界固结压力后，静止侧压力系数（k_0）随固结压力的增长而减小，并逐渐趋于稳定。此外赵玉花、杨和平、陈存礼等分别针对不同陆源土开展了类似的 k_0 固结试验研究，获得了相似的结论。王衍森等对取自巨野矿区深部的重塑黏性土开展了 8 MPa、10 MPa、12 MPa、14 MPa 和 16 MPa 五个不同固结应力下的 k_0 固结试验，发现重塑黏土的静止侧压力系数（k_0）并不随固结压力的增大而单调增长，而是呈下凹的抛物线型变化；且当固结应力在 8~10 MPa 时，k_0 随固结应力的增大而减小；当固结应力在 10~16 MPa 时，k_0 随固结应力的增大而增大。

含水量是影响土体静止侧压力系数的重要因素，前人关于含水量对土体静止侧压力系数的影响也开展了大量研究工作。然而，研究者们所选取的岩土介质（或研究对象）具有不同工程特性，以至于所得出的结论并不相同，有的甚至完全相反。这也从侧面反映了含水量并不是影响土体静止侧压力系数的唯一因素，岩土介质的类型在某种程度上决定了其静止侧压力系数随含水量的演化规律。如徐志英使用自行设计的静止侧压力仪，对位于江苏北部滨海区域的高压缩性淤泥土的静止侧压力系数开展了试验研究，指出含水量对淤泥土的静止侧压力系数存在明显的影响。当含水量小于淤泥土的塑限时，静止侧压力系数随含水量的增大而缓慢增长；当含水量在塑限与液限之间时，静止侧压力系数随含水量增长较快；当含水量接近液限时，淤泥土的静止侧压力系数近乎与水相同。杨和平等使用 GDS 三轴试验系统，对取自宁明地区的灰白、灰黑两类膨胀土开展了侧限压缩试验研究，揭示了含水量对膨胀土静止侧压力系数的影响；发现 k_0 随含水量的增大呈现非线性增长趋势；含水量的变化对静止侧压力系数的增长速率存在显著影响，且当含水量不超过 18%时，静止侧压力系数增长速率较为平缓，随后增长速率逐渐增大。张文博、陈存礼等使用 k_0 固结仪对不同含水量的 Q_3 黄土开展了室内 k_0 固结试验研究，在分析含水量对黄土静止侧压力系数的影响时，得出了与杨和平等相同的结论，指出 Q_3 黄土的静止侧压力系数与含水量间存在正相关关系。付泓锐在开展室内 k_0 固结试验的基础上研究了碳质泥岩填料静止侧压力系数随含水量的变化，指出碳质泥岩填料的静止侧压力系数随含水量的增大呈现出先减小后增大的趋势，且在含水量 6%时达到最小值。Boyd 和 Sivakumar 针对建筑过程中的人工填土随时间推移逐渐饱和，并对附近建筑物的侧向应力发生变化这一工程问题，研究了非饱和黏土在侧向约束条件下的应力状态随含水量的变化规律，发现非饱和压实黏土的静止侧压力系数随含水量的增大（或吸力的减小）而减小。

密实度是影响土体静止侧压力系数的另一重要因素。关于密实度对静止侧压力系数影响的研究经历了一个漫长的阶段，且早期学者对土体静止侧压力系数随密实度的变化趋势存在不同意见。如 1948 年在荷兰鹿特丹举办的第二届国际土力学与基础会议上，太沙基在一篇关于水管上部土压力的文章中指出密砂、松砂和黏性土静止侧压力系数的大致范围：密砂取 0.4~0.5、松砂取 0.45~0.5、黏性土取 0.6~0.75；同年太沙基在《Soil Mechanics in Engineering Practice》一书中指出，砂土的静止侧压力系数与其沉积方法和密实度有关，且松砂的静止侧压力系数为 0.4，密砂为 0.5，分层压实砂土的静止侧压力系数可达 0.8；由此可看出太沙基认为砂土的静止侧压力系数与密实度间存在正相关关系。1954 年苏联学者耶罗波尔斯基在《地基与基础》一书中指出，土体静止侧压力系数的测定是一项复杂而繁重的工作，在计算时一般砂土的静止侧压力系数推荐使用0.4，疏松粗砂的静止侧压力系数可减小到0.35；且砂土的静止侧压力系数随相对密度的增加而增加。随后德国学者 Bernatzik、Jänke 等在研究中发现砂土的静止侧压力系数与试样初始孔隙比密切相关，且随初始孔隙比（或密实度）的增大（或减小），砂土的静止侧压力系数呈现出上升趋势。迄今，前人已从密实度角度针对不同岩土介质开展了大量与静止侧压力系数相关的研究工作，大部分学者均认同密实度增大会导致静止侧压力系数减小这一观点，只是对静止侧压力系数随密实度增大而减小的趋势（或速率）的表述仍然存在不同见解。如徐志英对淤泥土静止侧压力系数随密实度的变化开展了试验研究，结果表明在同一法向固结应力作用下，淤泥土的总静止侧压力系数随其密实度的增大而减小；减小速率在起始阶段发展较快，后趋于平缓，且当淤泥土的密实度超过某一数值后其总静止侧压力系数近乎不再变化。肖先波研究了含水量和干密度对非饱和含气砂土静止侧压力系数的影响，得出非饱和含气砂土的静止侧压力系数随干密度增加而非线性减小的结论，并指出起始阶段非饱和含气砂土的静止侧压力系数随干密度的增大变化不大，当非饱和含气砂土的干密度达到1.65 g/cm^3 时，其静止侧压力系数随干密度增大而减小的趋势较为明显。姚晓亮等对取自青藏铁路沿线两种不同冻土（粉质黏土类冻土、细砂类冻土）开展了室内 k_0 试验研究，结果表明在温度、固结应力等外部条件相同情况下，冻土的静止侧压力系数随干密度的增大而减小，但对这种减小的趋势未做详细描述。郝建云使用 GJY 型 k_0 固结仪，对取自长江三峡库区附近砂泥岩混合料的静止侧压力系数开展了系统试验研究，结果表明砂泥岩混合料的静止侧压力系数随干密度的增大而减小，两者间的线性关系较为明显。付泓锐从含水量、干密度和颗粒级配等方面，对位于贵州六盘水一带的碳质泥岩填料开展了室内 k_0 试验研究，得出与上述学者相同的结论，认为碳质泥岩填料的静止侧压力系数随干密度的增大而减小，并从轴向压力和孔隙的角度对这一现象进行了解释。综上所述，岩土介质静止侧压力系数随密实度的增大而减小，这一结论已被众多学者的研究结果所证实。干密度并不是影响岩土介质静止侧压力系数变化趋势的唯一因素。因此，可从含水量、岩土介质类型、试验方法等角度综合评估岩土介质静止侧压力系数随其密实度增大的减小速率。

此外，虽然目前关于土体静止侧压力系数方面的研究成果丰富，但这些研究成果多数以陆源土为研究对象；且前述研究成果均表明岩土介质类型对静止侧压力系数的影响较大；珊瑚砂具有显著区别于陆源土的矿物成分、颗粒强度和形状；上述影响因素下土体静止侧压力系数的变化规律是否适用于珊瑚砂还有待进一步研究。另外，目前关于珊瑚砂静止侧压力系数方面的研究较少，在工程计算或数值分析中大多以陆源土的 k_0 值为参考凭经验确定，或借助弹性力学理论依据式（3.2）中 k_0 与泊松比（μ）间的关系进行反推确定。

$$k_0 = \frac{\mu}{1 - \mu} \tag{3.2}$$

然而，陆源土的 k_0 是否适用于珊瑚砂值得商榷；泊松比（μ）的确定较为困难，用式（3.2）计算珊瑚砂的 k_0 必然与实际情况相差甚远。因此，依据目前确定珊瑚砂 k_0 的方法，可能导致其较实际值低，造成资源浪费；也可能导致其较实际值高，对建构物的安全使用存在一定隐患。

综上所述，开展珊瑚砂地基中天然应力状态的研究工作意义重大，本章以室内 k_0 固结试验为研究手段，揭示了法向应力、含水量和密实度等因素对珊瑚砂静止侧压力系数（k_0）的影响；然后在总结前人研究成果基础上，结合其强度参数提出适用于珊瑚砂的静止侧压力系数（k_0）计算方法；最后分析了颗粒形状对珊瑚砂静止侧压力系数（k_0）的影响，并与硅质砂的试验结果进行了比较；本章研究成果有助于加深对珊瑚砂静止侧压力系数（k_0）以及相关工程特性的理解。

3.1　试验简介

3.1.1　试验材料

试验所用珊瑚砂取自某岛礁吹填区域，且取样点位于吹填口下游的地表浅层。吹填施工过程中在水力分选作用下，粗颗粒往往堆积于吹填口附近，细颗粒随水流向吹填口下游淤积，且多位于地表浅层；因此本次试验用珊瑚砂中存在较多细颗粒。试验前先依据《土工试验方法标准》（GB/T 50123—2019）的相关规定，对所取珊瑚砂样的颗粒级配进行测定，结果如图 3.1 所示。

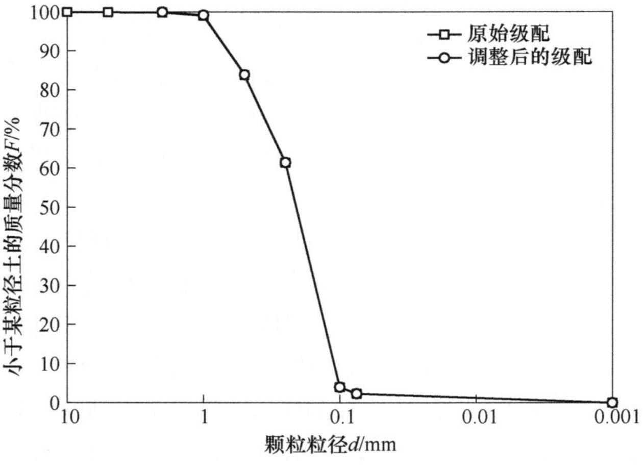

图 3.1　颗粒原始级配曲线和调整后的级配曲线

图 3.1 中的颗分曲线显示：

（1）试样中粒径介于 0.1~1 mm 间的颗粒的质量百分含量高达 95.06%，依据相关规范试样定名为珊瑚细砂；

（2）试样中粒径大于 1 mm 的粗颗粒和粒径小于 0.075 mm 的粉粒、黏粒含量较少，颗粒粗细均匀，粒径分布范围窄，原始级配不良，这是由吹填施工特点和取样位置所决定的；

（3）粒径大于 2 mm 粗颗粒的质量仅占试样总质量的 0.92%，为便于室内 k_0 固结试验的开展，采用剔除法将试样的最大粒径控制在 2 mm 以下，调整后的颗粒级配曲线仍绘于图 3.1 中。由图 3.1 可知调整后的颗分曲线与原始级配颗分曲线近乎重合，仍为级配不良的珊瑚细砂。同时选取石英砂开展 k_0 固结对比试验研究；本章选用的石英砂与珊瑚砂具有相同的级配（见图 3.2），两种砂的物性参数见表 3.1。

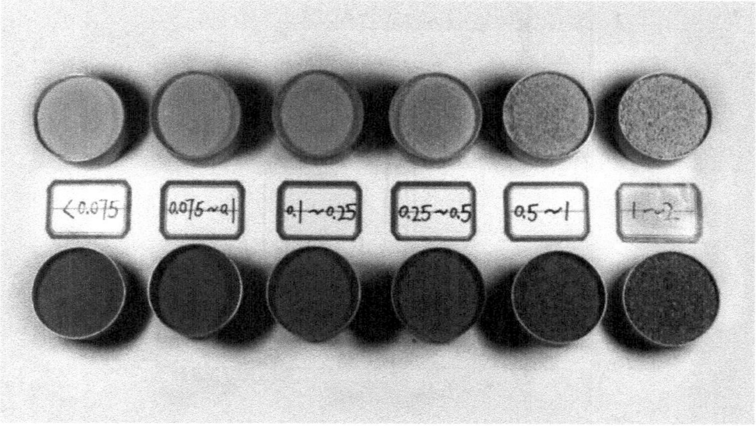

图 3.2 试验用珊瑚砂与石英砂

表 3.1 珊瑚砂与石英砂的物性参数

土样名称	不均匀系数 C_u	曲率系数 C_c	比重 Gs	最小干密度 $\rho_{dmin}/(g \cdot cm^{-3})$	最大干密度 $\rho_{dmax}/(g \cdot cm^{-3})$	最小孔隙比 e_{min}	最大孔隙比 e_{max}
珊瑚细砂	2.13	0.99	2.78	1.13	1.53	0.82	1.46
石英细砂			2.65	1.30	1.68	0.58	1.04

由表 3.1 可知：珊瑚砂的比重大于石英砂，这是由两种砂所含矿物成分的不同所决定的。分别对本次试验用珊瑚砂与石英砂开展了 X 射线衍射试验和扫描电镜测试，通过计算机程序对 X 射线衍射谱图（见图 3.3）中各峰值点的位置和强度进行解析，获取了两种砂的矿物组成，见表 3.2。随后基于扫描电镜试验的

EDAX 谱图获取了本次试验用珊瑚砂、石英砂中各元素的含量，见表 3.2。X 射线衍射试验所用仪器为德国 Bruker 公司生产的 D8 Advance 型 X 射线衍射仪，扫描电镜试验在 Quanta 250 扫描电子显微镜上进行。由表 3.2 中的结果可知，珊瑚砂的矿物组成比较单一，仅含文石、方解石、高镁方解石三种矿物；文石和方解石的主要化学成分均为 $CaCO_3$，通过分析计算可知本次试验用珊瑚砂中 $CaCO_3$ 的含量达 97.67%，是一种高 $CaCO_3$ 含量的岩土材料。石英砂的矿物成分较为复杂，除含有石英外，伴生有钠长石、斜长石、白云母、蒙脱石类黏土矿物和阳起石类碳酸盐矿物，主要成分仍为 SiO_2。由于 $CaCO_3$ 的比重较 SiO_2 大，故珊瑚砂的比重大于石英砂。

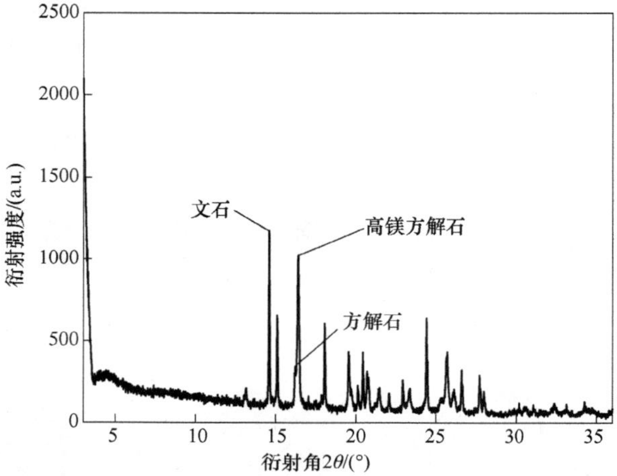

(a)

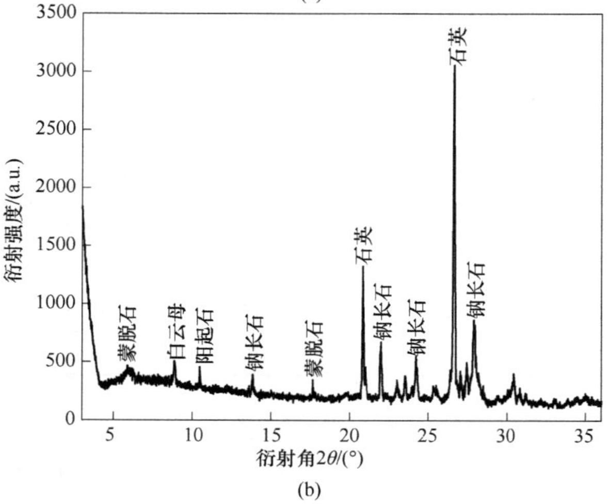

(b)

图 3.3　珊瑚砂与石英砂的 XRD 谱图

（a）珊瑚砂；（b）石英砂

表 3.2 珊瑚砂与石英砂的化学成分与矿物成分组成（质量分数） （%）

土样名称	主要化学成分					矿物组成					
珊瑚细砂	C	O	Na	Cl	Ca	文石		高镁方解石		方解石	
	8.81	33.28	26.68	29.90	1.34	70.89		20.95		8.15	
石英细砂	C	O	Na	Cl	Ca	钠长石	石英石	斜长石	白云母	蒙脱石	阳起石
	18.08	3.18	32.13	44.5	2.12	29.65	24.77	16.09	13.69	8.42	7.37

由表 3.1 还可知石英砂的最大干密度和最小干密度均大于珊瑚砂，即珊瑚砂的最小孔隙比和最大孔隙比均较石英砂的大。这可从两种砂的颗粒形貌特征上得到解释：珊瑚砂典型的海洋生物成因导致其颗粒表面多棱角，在同等条件下其更不易达到密实状态；且颗粒内部存在有大量孔隙（见图 3.4（a）），使得珊瑚砂达到密实状态的困难程度更大。反之，石英砂在漫长的沉积和搬运过程中早已磨平了棱角，颗粒表面光滑且内部致密，孔隙较少（见图 3.4（b）），在自然固结或地基处理过程中颗粒间能够紧密贴合。这也是石英砂的比重较珊瑚砂小，而最大和最小干密度反而较珊瑚砂大的主要原因。

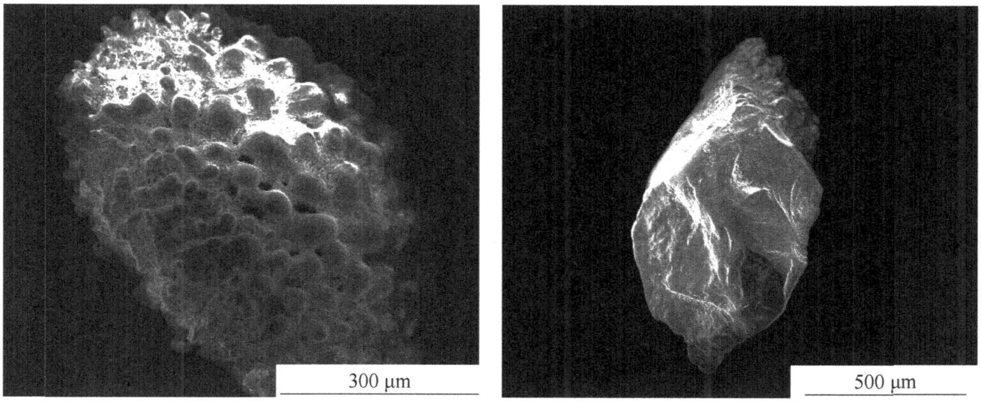

(a) (b)

图 3.4 粒径 0.5~1 mm 珊瑚砂与石英砂的 SEM 典型形貌图

（a）珊瑚砂；（b）石英砂

3.1.2 试验方案设计

为研究法向应力、含水量和密实度对珊瑚砂静止侧压力系数的影响，并对比研究珊瑚砂和石英砂静止侧压力系数间的差异，本章针对珊瑚砂和石英砂开展了室内静止侧压力系数试验研究。试验设计前对岛礁吹填施工场地进行了现场勘察，发现取样点处珊瑚细砂的相对密度约 69.3%（或压实度约 90%），浅层地基土的含水量随深度的变化在 0～25% 间波动。为此确定初步试验方案Ⅰ（见表 3.3），珊瑚细砂样的相对密度设置为 69.3%、含水量分别设置为 0、5%、10%、15%、20% 和 25%，依次施加 50 kPa、100 kPa、200 kPa、400 kPa、800 kPa、1600 kPa 和 3200 kPa 的法向固结应力，观察不同法向应力作用下珊瑚砂静止侧压力系数（k_0）的变化。

表 3.3　k_0 固结试验方案Ⅰ

土样名称	初始含水量 w/%	相对密度 D_r/%	法向应力 σ_n/kPa
珊瑚细砂	0，5，10，15，20，25	69.3	50，100，200，400，800，1600，3200

岛礁礁盘上部吹填层厚度较小，且其上建筑物的高度普遍较低，导致建筑物基底应力多在 200 kPa 以内，最高建筑物（如海事灯塔）的基底应力不超过 400 kPa。研究高法向应力下珊瑚砂静止侧压力系数并没有实际应用价值，且相关研究结果表明不同法向应力范围内的静止侧压力系数并非常数。因此结合考虑工程实际情况与数据处理的便利性，本章将试验中所施加的法向应力控制在 400 kPa 以内。修改后的试验设计方案见表 3.4。

表 3.4　k_0 固结试验方案Ⅱ

土样名称	初始含水量 w/%	相对密度 D_r/%	法向应力 σ_n/kPa
珊瑚细砂	0，5，10，15，20，25	69.3	50，100，200，400

为评估现有 k_0 估算公式对珊瑚砂的适用性，本章首先依据表 3.4 中的物性指标配置不同含水量的珊瑚砂样，并对其开展三轴剪切试验获取相应物性状态下珊瑚砂的有效内摩擦角。随后，使用前人提出的 k_0 估算公式计算珊瑚砂静止侧压力系数，并在对比分析 k_0 计算值与实测值基础上评估现有 k_0 估算公式对珊瑚砂的适用性，见表 3.5。值得注意的是，由于地基内珊瑚砂的粒间孔隙较大，排水通畅，因此本研究中使用的珊瑚砂有效内摩擦角是基于三轴固结排水剪切试验获取的。

表 3.5　三轴试验设计方案

土样名称	相对密度 D_r/%	初始含水量 w/%	试验类型	有效围压/kPa	剪切速率 /(mm · min^{-1})	终止条件
珊瑚细砂	69.3	0，5，10，15，20，25	CD	100，200，300，400	0.8	应变量 20%

为研究密实度对珊瑚砂静止侧压力系数的影响，对含水量分别为 0、10%、20%的珊瑚细砂，开展相对密度分别为 42.2%、55.1%和 69.3%条件下的对比试验研究，所施加的法向应力同样设置为 50 kPa、100 kPa、200 kPa 和 400 kPa；

同时开展珊瑚砂与石英砂对比研究，具体的试验方案见表3.6。

表3.6　k_0 固结试验方案Ⅲ

土样名称	初始含水量 w/%	相对密度 D_r/%	法向应力 σ_n/kPa
珊瑚细砂	0，10，20	42.2，55.1，69.3	50，100，200，400
石英细砂	0，20		

3.1.3　试验仪器与方法

试验所用仪器为高压固结仪（见图3.5），该仪器由杠杆式加压装置、压力室和数据采集系统三部分组成，其主要技术指标见表3.7。杠杆式加压装置选用

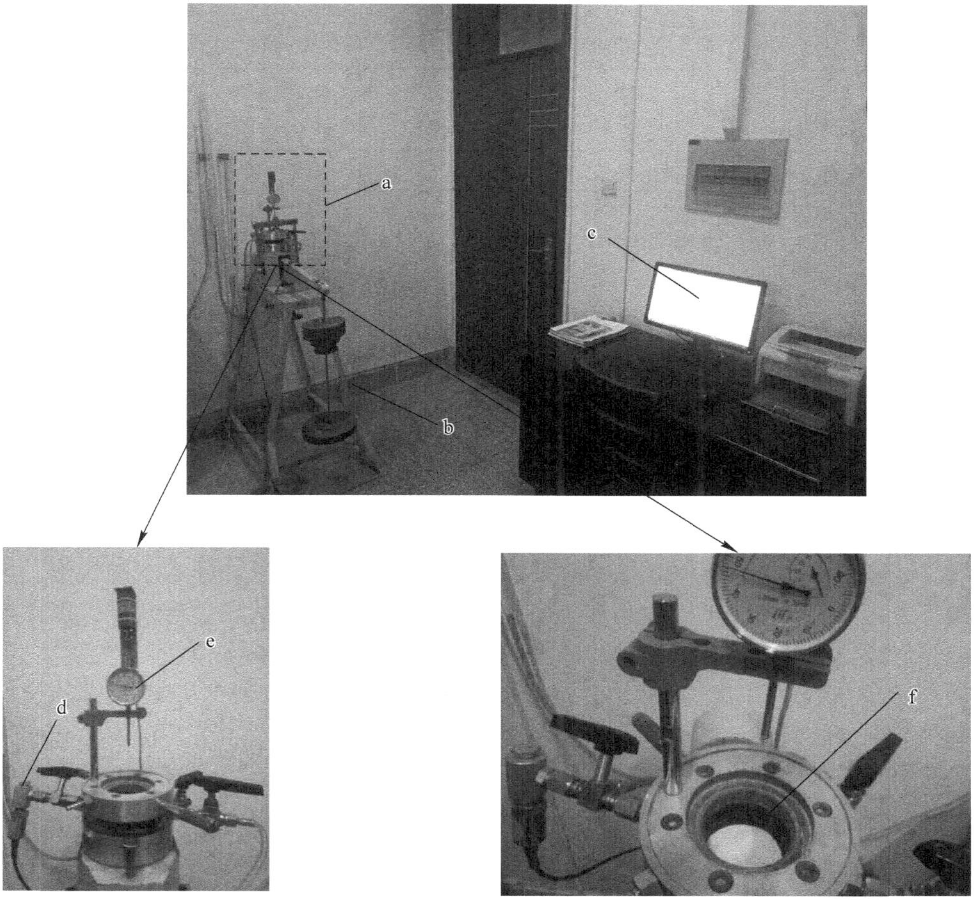

图3.5　静止侧压力系数固结仪实物图

a—压力室；b—杠杆式加压装置；c—数据采集与处理系统；d—压阻式压力传感器；e—传感器；f—橡皮膜

中国南京电力自动化设备总厂生产的 YS-1 型高压固结仪加荷设备，杠杆比为 1 : 12，加荷框架内部净宽 165 mm，可施加竖向应力最大值为 4000 kPa。压力室选用中国南京水利电力仪器工程有限责任公司生产的 JCY 型静止侧压力系数固结仪。试样直径 61.8 mm、高 40 mm；压力室内部使用橡胶膜隔离土样和水，并通过水传递侧向应力，且侧向应力量程为 0~1000 kPa；压力室最大可承受 6 kN 的轴向固结压力，轴向位移有效测试范围为 0~10 mm。数据采集系统包括测量侧向应力的压阻式压力传感器、测量竖向位移的位移传感器以及载有 TSW-5 型土工试验微机数据采集与处理系统的压力、位移采集器等；测量侧向应力的压阻式压力传感器量程为 0~2000 kPa，精度为±0.1%FS；测量竖向变形的位移传感器量程为 0~10 mm，精度为 0.01 mm。传感器在试验前都经过国家计量单位的检测与标定，可确保试验数据的准确有效。

表 3.7　静止侧压力系数固结仪主要技术指标

杠杆比	最大竖向应力/kPa	加载形式	压力腔直径 ϕ/mm	压力腔深度/mm	侧向应力传感器量程（kPa）与精度	竖向位移传感器量程（mm）与精度
1 : 12	4000	砝码	61.8	40	2000，±0.1%FS	10，0.03

整个试验过程包括制样、装样和加载三个步骤。

（1）制样时，含水量为 0 的试样（即干砂样）可在称量好后直接置入压力室内。制备一定含水量试样时，则需先依据试验设计的干密度称量固定质量的干砂装入密封袋内，并滴入固定质量的清水与干砂混合均匀，封口后密闭静置一昼夜，使水分在砂样内均匀分布后再进行后续试验。

（2）装样时，干砂样可在确保试样高度基础上直接置入压力室内。对湿砂样可采用压样法先制作环刀样，再将环刀内的湿砂样推入压力室内，以保证试样密度的均匀性。为避免由于橡皮膜外部水中含有空气导致试样受压后产生侧向变形，试验用水应选用无气蒸馏水，且装样前应先排除橡皮膜外部水中的气泡。同时，为提高侧向应力的测量精度，应先使橡皮膜处于微鼓状态后再装样，以保证试样与橡皮膜紧密贴合。

（3）荷载采用快速加载法，按照设计加载比为 1 的原则，从 50 kPa 的初始荷载依次加载到设计最大荷载，每级竖向荷载的稳定时间为 1 h。在施加竖向荷载的同时，自动采集试样在荷载作用下的竖向变形和侧向应力，当试样在最后一级荷载作用下的压缩变形增量小于 0.005 mm/h 时结束试验。为保证试验结果的可靠性，笔者对同一物性条件下的试样开展了 3~4 次的重复试验，取重复率较高的数据作为最终的试验结果。值得注意的是，众多研究结果表明珊瑚砂是一种在低应力下即可发生颗粒破碎的岩土介质，为规避颗粒破碎对试验结果的影响，每个试样都在试验前经过严格的级配控制。

3.2 法向应力对 k_0 的影响

研究法向应力对静止侧压力系数（k_0）的影响，对岩土工程尤其是地下岩土工程建设具有重要意义。原因有两个方面：一方面，k_0 固结状态较其他应力状态更接近于天然沉积土体的实际应力状态；另一方面，法向固结应力是土体埋深的直观体现，通过改变试样所受法向应力的大小可近似模拟地下不同深度土体所处应力状态。从静止侧压力系数（k_0）的定义可知，其描述的是在无侧向变形条件下对土体施加法向固结应力后侧向应力的变化趋势。当对某一特定物性状态下的砂样施加法向固结应力时，其内的水分会随时间的推移逐渐排出，无侧向变形的砂样中土颗粒在不断增大的法向应力作用下被压密，颗粒间的胶结、粒间作用力均会使砂样的物性状态发生变化，进而导致其静止侧压力系数的改变。在 k_0 固结试验中试样所受侧向应力随法向应力的增大而增大，这一结论已被众多学者认可；但对这种增长趋势的描述学术界目前并未形成统一意见。有的学者认为这种增长趋势近乎线性，故将静止侧压力系数在整个应力范围内视为一个常数。部分学者对这种线性增长趋势存在质疑，并开展了相应的研究，所得结论也各不相同；不同学者使用的岩土介质类型、测试方法等存在差异可能是导致这一现象的主要原因。现将本次试验中关于法向应力对珊瑚细砂静止侧压力系数影响的结果列于图 3.6 中。限于文章篇幅，本章仅列出了压实度 90%、含水量 5%条件下珊瑚细砂的试验结果。

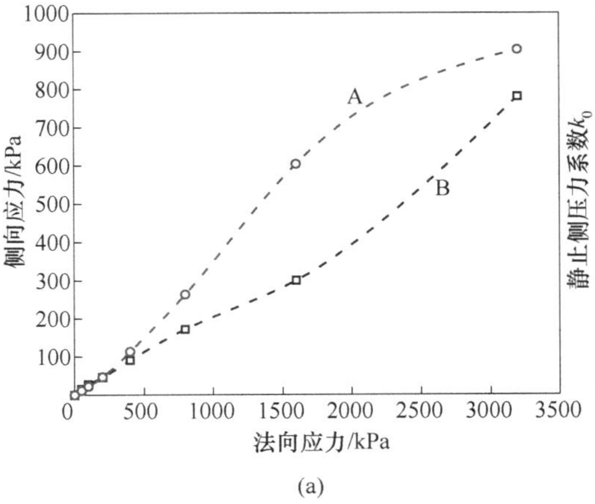

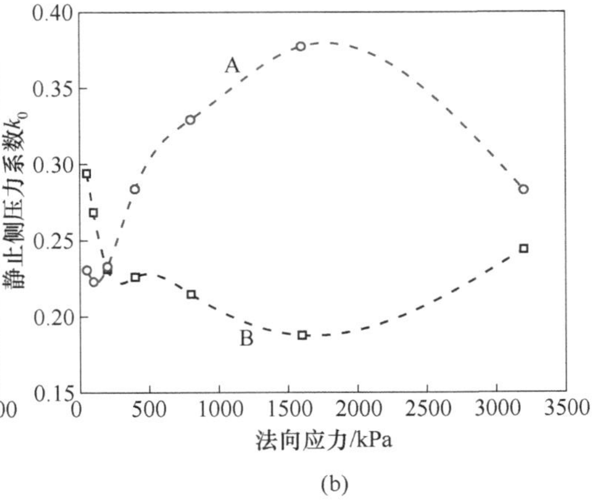

图 3.6 侧向应力-法向应力曲线图和静止侧压力系数-法向应力曲线图

（a）侧向应力-法向应力曲线图；（b）静止侧压力系数-法向应力曲线图

侧向应力-法向应力关系曲线是分析静止侧压力系数随法向应力变化的重要

依据。图 3.6（a）中显示了同为压实度 90%、含水量 5%条件下的珊瑚细砂试样 A 和试样 B 的侧向应力随法向应力增加的两种不同增长趋势。试样 A 的侧向应力随法向应力的增加呈现出先上凹后下凹的正 S 形曲线，试样 B 的侧向应力-法向应力关系曲线为先下凹后上凹的倒 S 形曲线，且两种曲线的差异在高压阶段表现得尤为明显。这种试验现象反映在静止侧压力系数-法向应力图上则为：试样 A 的静止侧压力系数随法向应力的增大先微幅减小（0～100 kPa）后增大（100～1600 kPa）再减小（1600～3200 kPa），试样 B 的静止侧压力系数随法向应力的增大先剧烈减小（0～200 kPa）后微幅减小（200～1600 kPa）再增大（1600～3200 kPa）；两个试样的静止侧压力系数-法向应力曲线都经历了先减小再增大的阶段，不同的是拐点处对应的法向应力不同。

分析认为：（1）试样 A 的静止侧压力系数在 0～100 kPa 的法向应力下微幅减小，以及试样 B 的静止侧压力系数在 0～200 kPa 的法向应力下骤减主要是试样制样过程影响的结果。k_0 固结试验的试样为直径 61.8 mm、高 40 mm 的环刀样，为获取密度均匀且独立成型的砂样，通常采用压样法将一定质量的砂压入固定规格的环刀内，因而试样在经历预压过程后具有一定的结构性。对试样施加法向固结应力后，其内部产生的侧向应力一部分用来破坏这种结构性，另一部分则会使土体产生侧向膨胀（不一定有侧向变形），试验采集的侧向应力就是土体侧向膨胀后被液压传感器采集到的这部分应力。本章中静止侧压力系数采用太沙基定义的割线模量法进行计算。随着法向应力的增加，侧向应力的增加量小于法向应力的增加量时，在数值上直观表现为静止侧压力系数的减小。静止侧压力系数减少的幅度以及终止应力与预压过程中的预压应力密切相关。试样 B 的静止侧压力系数在 200～1600 kPa 的法向应力下微幅减小，可能与橡胶膜外液态水中的含气量有关。当作为传力介质的液态水中含有少量气泡时，气体会分担一部分土样释放的侧向应力，导致实测应力值偏小；在加荷比为 1 的法向应力加载过程中，实测水平应力就可能表现出微幅减小的症状。（2）当法向应力为 400～1600 kPa 时，试样 A 的静止侧压力系数持续增加，这可能有两方面的原因：随法向应力的增加，一方面土体的结构性被削弱，而超孔隙水压力未完全消散，因而在较高法向应力下其侧向应力大幅度增加，直观上表现为静止侧压力系数随法向应力的增加而增大。另一方面液态水的可压缩性导致土体侧向膨胀加剧，甚至产生一定的侧向变形，在不断增加的法向应力作用下使得实测侧向应力激增。法向应力在 1600～3200 kPa 时，试样 B 的静止侧压力系数呈现出上升趋势，更多的可能是法向应力的增加以及液态水的压缩使得试样产生了侧向变形。此外在法向应力大于等于 200 kPa 时试样 B 的静止侧压力系数虽有微幅波动（在 1600 kPa 处），但在总体上变化不大。因此法向应力大于等于 200 kPa 时，试样 B 的静止侧压力系数可采用最小二乘法求出，可靠度较高；在高压阶段试样 B 较试样 A 的拟合结果更好。

(3) 当法向应力为 1600~3200 kPa 时，试样 A 的静止侧压力系数呈现出减小的趋势，其原因同样可从橡胶膜外液态水中的含气量得到解释。在排除试样结构性影响的前提下，法向固结应力的激增和液态水中含有气泡是导致侧压力系数减小的主要原因。

综上所述，静止侧压力系数的实测结果受试验条件的影响较大，图 3.6（a）中的侧向应力并非随法向应力增大而线性增长，这也与图 3.6（b）中的静止侧压力系数-法向应力曲线并非一条水平直线的结果相互印证。若强制采用线性关系拟合试样 A、B 的试验结果，得到的静止侧压力系数分别为 $k_{0A}=0.2364$、$k_{0B}=0.2971$；两者相差较为明显，且这种偏差随法向应力的增大也会逐渐扩大。从图 3.6 中还可看出：当法向应力小于 200 kPa 或 400 kPa 时，试样 A、B 的试验结果相差不大，用线性关系进行拟合得到 $k_{0A}=0.2148$、$k_{0B}=0.2351$；改变试验条件进行多次测试后的试验结果也得出类似结论，同时该结果与王秀艳等的研究结果较接近。因此，后续试验分析中所采用的 k_0 值均取法向应力 0~200 kPa 或 0~400 kPa 时的测试结果。

3.3 含水量对 k_0 的影响

含水量是决定砂土物性状态和工程施工质量控制的重要指标，也是砂土静止侧压力系数（k_0）的重要影响因素。处于特殊海洋环境中的珊瑚礁岛，在海水涨落潮作用下潮间带珊瑚砂的含水量存在显著变化，含水量的变化是否会对岛礁地下岩土工程的侧向应力产生影响，目前尚缺乏可靠的数据进行论证。因此，研究含水量的变化对珊瑚砂静止侧压力系数的影响对岛礁岩土工程建设具有重要的理论意义和实践价值。图 3.7 为压实度 90%的珊瑚细砂静止侧压力系数随含水量的变化。

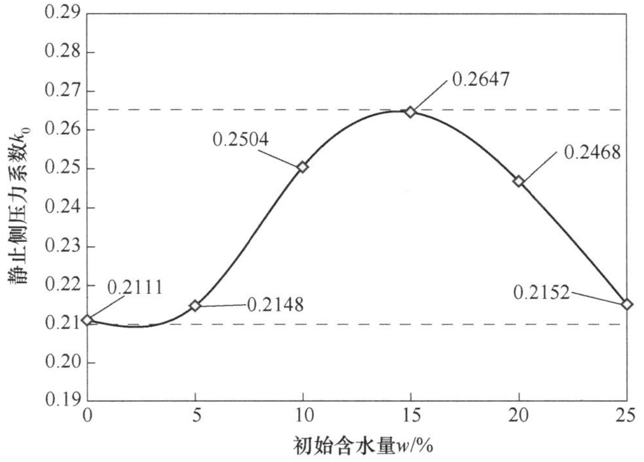

图 3.7 压实度 90%的珊瑚细砂静止侧压力系数与初始含水量间的关系曲线

由图 3.7 可知：对压实度 90%、初始含水量 0~25%时的珊瑚细砂，其静止侧压力系数（k_0）在 0.2111~0.2647 变化，最大值与最小值间的偏差约为最大值的 20.2%；这也表明含水量的变化对珊瑚砂静止侧压力系数的影响不大，这一结论与肖先波对含气砂土静止侧压力系数的研究结果相符。无黏性土具有较高的渗透性可能是导致这一现象的主要原因，且珊瑚砂较一般陆源无黏性土（如陆源砂）具有更强的渗透性，相关研究结果表明珊瑚砂的渗透系数在 10^{-4}~10^{-3}cm/s 时，试验过程中水分可快速从珊瑚砂样内排出。因此，含水量对珊瑚砂静止侧压力系数的影响程度有限。

从图 3.7 中还可看出：珊瑚细砂的静止侧压力系数随含水量的增大呈先增大后减小的变化趋势。部分学者认为含水量的增大增加了粒间结合水膜的厚度，对粒间相互运动起润滑作用（或在法向固结应力作用下粒间相互运动阻力减小），进而导致试样侧向应力持续增大。本章认为造成这种差异有三个方面的原因。

（1）含水量研究范围不同。本次试验中含水量以 5%的梯度从 0 的完全干燥状态递增到 25%的近饱和状态（本章中选用压实度 90%珊瑚细砂的饱和含水量为 36.65%），含水量的研究范围较大；而其他学者选取的含水量研究范围较窄，所得出的静止侧压力系数随含水量的变化规律可能不完整。

（2）研究对象不同。本章的研究对象为渗透系数较大的珊瑚砂；珊瑚砂的静止侧压力系数虽随含水量的增大以先增大后减小的趋势变化，但在总体上变化不大；珊瑚砂不规则的颗粒形状、丰富的内孔隙等颗粒属性使得其持水能力较差，不利于获取静止侧压力系数随含水量变化的明显规律，且这种现象在高含水量条件下表现得尤为明显。其他学者多以渗透系数较小的粉土或黏土为研究对象；粉土或黏土试样的持水性好、水分不易排出，其静止侧压力系数随含水量的变化幅度较大，规律明显。

（3）试验方法不同。开展含水量对静止侧压力系数影响室内试验研究的关键步骤是如何保证含水量在试验过程中不发生变化；除完全干燥或饱和状态外，保证砂样在试验过程中含水量的稳定是很困难的，因为土体固结的本质就是一个排水和压密的过程。珊瑚细砂的最大持水量约为 15%；当含水量高于最大持水量（如含水量 20%、25%）时，多余水分会以重力水的形式存在；重力水极易在固结过程中被排出，故含水量 15%时对应的珊瑚细砂 k_0 值最大。值得注意的是，本次试验所获取的静止侧压力系数随含水量的变化规律，实质上应为静止侧压力系数随试样初始含水量的变化规律，其值与试样的初始含水量、渗透性、试样过程中的排水条件等密切相关。

3.4 珊瑚砂 k_0 的估算方法

3.4.1 k_0 估算方法研究概况

Terzaghi 在引入已激发有效内摩擦角（φ'_{mob}）的基础上，借助应力莫尔圆推导出了静止侧压力系数（k_0）与已激发有效内摩擦角（φ'_{mob}）间的关系式：

$$k_0 = \frac{1 - \sin\varphi'_{mob}}{1 + \sin\varphi'_{mob}} \tag{3.3}$$

随后 Rowe 对这个公式的合理性做出了详尽的解释。至今仍不断有学者对已激发有效内摩擦角（φ'_{mob}）与有效内摩擦角（φ'）间的关系进行研究，试图在对式（3.3）进行改进的基础上提出适用性更强的 k_0 估算公式，其中影响力较大的有 Abdelhamid 和 Krizek 基于 Rowe 假设所提出的式（3.4）：

$$\varphi'_{mob} = 1.15(\varphi' - 9°) \tag{3.4}$$

Hayat 在总结前人研究工作和分析相关试验结果的基础上提出的式（3.5）：

$$\varphi'_{mob} = 0.67\varphi' \tag{3.5}$$

Simpson 基于 Brick 模型的建立而推得的式（3.6）：

$$\varphi'_{mob} = \arcsin\frac{\sin\varphi'}{\sqrt{2}} \tag{3.6}$$

以及 Federico 等通过对试验数据的统计分析推导的式（3.7）：

$$\varphi'_{mob} = 0.64\varphi' \tag{3.7}$$

部分学者认为已激发有效内摩擦角（φ'_{mob}）很难直接获取并准确计算，建议使用有效内摩擦角（φ'）估算静止侧压力系数（k_0）。其中具有代表性意义的有 Jaky 在假设自然休止角等于有效内摩擦角（φ'）基础上推得的 k_0 估算式（3.8）：

$$k_0 = \frac{(1 - \sin\varphi') \times \left(1 + \frac{2}{3}\sin\varphi'\right)}{1 + \sin\varphi'} \tag{3.8}$$

1948 年 Jaky 对式（3.8）进行了简化，提出了沿用至今的 Jaky 公式：

$$k_0 = 1 - \sin\varphi' \tag{3.9}$$

Jaky 公式的建立是静止侧压力系数估算研究进程中具有里程碑意义的研究成果。但该公式仅反映静止侧压力系数（k_0）与土体有效内摩擦角（φ'）间的相关关系，默认土体的有效内摩擦角（φ'）是静止侧压力系数（k_0）的主要影响因素，对黏性土和无黏性土静止侧压力系数（k_0）进行估算的相关系数仅为 0.625 和 0.845。且推导过程中存在休止角等于有效内摩擦角（φ'）的假定，因此 Jaky 公式仅适用于天然固结（或未被压实）的黏性土和砂土。鉴于 Jaky 公式所存在的缺陷，众多学者基于各自的试验结果对其进行了不同程度的改进。如 Fraser 在考虑应力比对压实土的压缩系数和孔隙压力系数影响的基础上，提出采用式（3.10）估算压实土的 k_0：

$$k_0 = 0.9 \times (1 - \sin\varphi') \tag{3.10}$$

Brooker 等研究了应力历史对黏性土静止侧压力系数（k_0）的影响，并建议采用式（3.11）改进 Jaky 公式：

$$k_0 = 0.95 - \sin\varphi' \tag{3.11}$$

此外，Hendron、Saglamer、Matsuoka 等、Bolton、史宏彦和谢定义、史宏彦等、Aziz 等、Northcutt 等、强跃等分别从不同角度研究了静止侧压力系数（k_0）的估算公式。

3.4.2　珊瑚砂 k_0 估算

静止侧压力系数（k_0）可通过室内试验测定，但室内试验影响因素较多且操作复杂，因此相关研究也相对较少，致使研究者们试图寻求通过理论或经验公式计算静止侧压力系数（k_0）的简便方法。由于珊瑚砂独特的组构特征，k_0 固结试验操作过程更为复杂（如在试验过程中橡皮膜常因珊瑚砂尖锐的棱角而被刺破，致使试验屡次失败），因此更需要寻求适用于计算珊瑚砂静止侧压力系数（k_0）的经验公式。鉴于此，本章针对珊瑚细砂试样开展了一系列三轴固结排水剪切试验和 k_0 固结试验，揭示了相对密度和含水量对静止侧压力系数（k_0）的影响，试验结果见表 3.8。

表 3.8　珊瑚细砂的强度参数

土样名称	相对密度 D_r/%	初始含水量 w/%	c/kPa	φ'/(°)
珊瑚细砂	69.3	0	76.2	43.8
		5	24.0	42.1
		10	52.7	39.3
		15	69.9	38.0
		20	57.3	39.4
		25	50.3	40.2

大部分静止侧压力系数（k_0）计算公式与有效内摩擦角（φ'）密切相关，故有必要对表 3.8 中有效内摩擦角（φ'）的变化规律进行分析。从表 3.8 中可看出：珊瑚细砂三轴固结排水剪切条件下的有效内摩擦角（φ'）随含水量的增加呈现出先减小后微幅波动的变化趋势，且在含水量达到 15%时取得最小值。分析认为，当含水量较低时，含水量的增加会降低颗粒间相互运动时的咬合或摩擦阻力，导致内摩擦角随含水量的增大持续减小。珊瑚细砂中黏粒含量较少，持水性

能较差，导致高含水量试样在三轴固结排水剪切条件下水分快速流失，即剪切过程中试样的含水量并不等于其初始含水量，因此内摩擦角并不随初始含水量的增大而持续减小；当含水量大于 15%且低于 25%时，珊瑚细砂的内摩擦角在 38.0°~40.2°间波动。

在分析三轴试验结果基础上，基于前人提出的理论或经验公式，获取珊瑚细砂静止侧压力系数（k_0）的计算值见表 3.9。

表 3.9 基于不同经验公式计算获取的珊瑚细砂 k_0 值

经验公式	文献	初始含水量 w/%					
		0	5	10	15	20	25
$k_0=\dfrac{(1-\sin\varphi')\times\left(1+\dfrac{2}{3}\sin\varphi'\right)}{1+\sin\varphi'}$	Jaky（1994）	0.266	0.285	0.319	0.336	0.318	0.308
$k_0=1-\sin\varphi'$	Jaky（1948）	0.308	0.280	0.317	0.334	0.315	0.305
$k_0=0.9\times(1-\sin\varphi')$	Fraser（1957）	0.277	0.297	0.330	0.346	0.329	0.319
$k_0=0.95-\sin\varphi'$	Brooker 和 Ireland（1965）	0.258	0.280	0.317	0.334	0.315	0.305
$k_0=\dfrac{1-\sin 1.15(\varphi'-9°)}{1+\sin 1.15(\varphi'-9°)}$	Abdelhamid 和 Krizek（1976）	0.217	0.237	0.273	0.291	0.271	0.261
$k_0=\dfrac{1-\sin 0.67\varphi'}{1+\sin 0.67\varphi'}$	Hayat（1992）	0.342	0.358	0.385	0.399	0.384	0.376
$k_0=\dfrac{\sqrt{2}-\sin\varphi'}{\sqrt{2}+\sin\varphi'}$	Simpson（1992）	0.343	0.357	0.381	0.393	0.380	0.373
$k_0=\dfrac{1-\sin 0.64\varphi'}{\sin 0.64\varphi'}$	Federico，Elia 和 Germano（2008）	0.361	0.376	0.403	0.417	0.402	0.395

图 3.8 为相对密度 69.3%、含水量分别为 0、5%、10%、15%、20%和 25%条件下珊瑚细砂 k_0 固结试验的测试值与计算值对比图。由图 3.8 可知：使用表 3.9 中所列经验公式并不能对珊瑚细砂静止侧压力系数（k_0）进行完全准确的预测，试验测试值与计算值间存在较大偏差，且试验测试值普遍小于计算值。这是由于上述经验公式均是建立在黏性土和石英砂等陆源土的基础上，珊瑚砂颗粒棱角度高及其易破碎的材料属性明显区别于普通陆源土。为分析经验公式对珊瑚砂的适用性，在图 3.8 中针对测试值和计算值分别给出了 k_0+5%（“------”线）、k_0+10%（“—·—”线）、k_0+15%（“———”线）的误差基准线，可看到 Abdelhamid 和 Krizek 公式计算值与实测值间的误差最小仅为 0.05，1944 年的 Jaky 公式、1948 年的 Jaky 公式、Fraser 公式和 Brooker 和 Ireland 公式计算值与实测值间的误

差为 0.05~0.10，且使用 Hayat 公式、Simpson 公式、Federico、Elia 和 Germano 公式估算时的误差最大，普遍较实测值高出 0.10~0.15。由于在众多经验公式中 Abdelhamid 和 Krizek 公式的计算值与实际值最为接近，且其计算值仅在 5%范围内大于实测值，因此建议采用 Abdelhamid 和 Krizek 公式估算珊瑚细砂静止侧压力系数；这种方法不仅能保证估算精度，还能在一定程度上保证工程的安全。

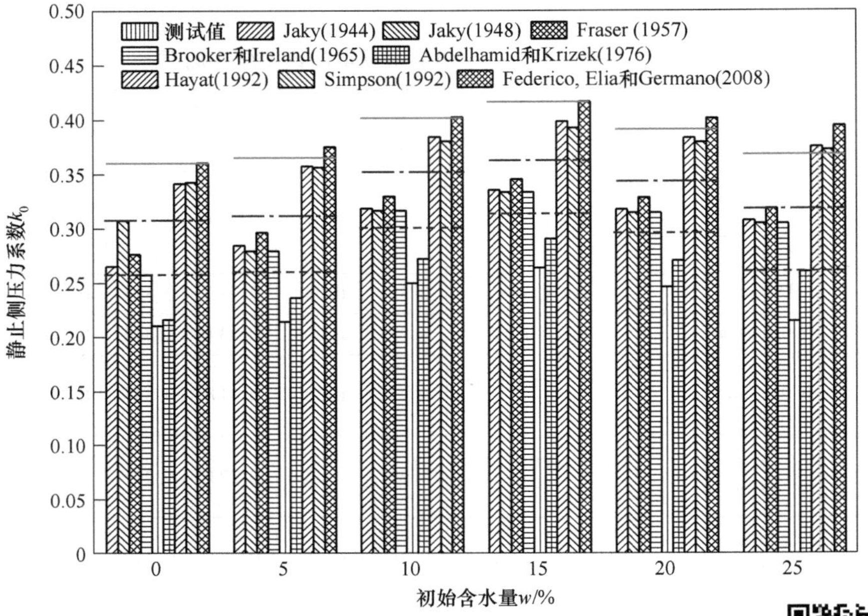

图 3.8　静止侧压力系数 k_0 试验测试值与经验公式计算值的对比图

图 3.8 彩图

3.5　密实度对 k_0 的影响

密实度常以干（湿）密度、压实度、相对密度等物性指标表示，用以反映一定质量（或体积）的土体的密实程度。对目前正在开展的岛礁吹填建设工程，珊瑚砂地基无论是在自然吹填条件下沉积，还是经过相应的地基处理，下伏珊瑚砂层都会随时间推移在上覆土层自重作用下逐渐被压密。而且由于吹填珊瑚砂颗粒粗细不均，形状极不规则，土体持水能力较差，珊瑚砂会在吹填施工完成后的短时间内被排水压密，其密实度随深度存在明显的差异。为安全考虑，设计工程师们一般会选择较大的静止侧压力系数值进行相应工程的设计计算，这种做法虽可保证工程施工和运营期间的安全，但无疑也增加了施工成本。因此在进行具体工程设计前查明施工深度范围内静止侧压力系数的变化规律具有重要意义。现有相关研究成果表明，密实度的变化对土体静止侧压力系数存在显著影响，因此研究密实度对珊瑚砂静止侧压力系数的影响可吹填珊瑚礁岛地下工程建设提供技术支撑和设计依据。

本章采用相对密度（D_r）定义珊瑚细砂的密实程度。图 3.9 所示为含水量分别为 0、10%和 20%条件下珊瑚细砂静止侧压力系数（k_0）与相对密度（D_r）间的对应关系。由图 3.9 可知：珊瑚细砂的静止侧压力系数（k_0）随相对密度（D_r）的增大而减小；这是由于在体积一定的情况下，相对密度（D_r）越大的试样颗粒间的咬合作用越强，颗粒产生侧向运动需要克服更大的阻力，因此在同等竖向压力下产生的侧向应力较小。珊瑚细砂静止侧压力系数（k_0）随相对密度（D_r）的增大而减小的趋势明显受到含水量的影响；含水量 0 的干燥珊瑚细砂静止侧压力系数（k_0）随相对密度（D_r）的增大先微幅减小后急剧降低；而含水量 10%和 20%的珊瑚细砂静止侧压力系数（k_0）随相对密度（D_r）的增大近乎线性减小，但速率较慢。根据土力学的相关知识可知，相对密度 $D_r=55.1\%$ 和 $D_r=42.2\%$ 均属中密范畴；针对 $D_r=55.1\%$ 和 $D_r=42.2\%$ 的珊瑚细砂在干燥状态（$w=0$）和近饱和状态（$w=20\%$）下的静止侧压力系数测试结果可知：在中密范围内静止侧压力系数（k_0）的变化范围较小；如干燥条件下两者静止侧压力系数间的差值仅为最大值的 1.61%，含水量 20%条件下两者静止侧压力系数间的差值仅为最大值的 0.67%。当珊瑚细砂的相对密度从 $D_r=55.1\%$ 提高到 $D_r=69.3\%$ 时，其静止侧压力系数出现了显著减小，且在干燥状态下表现得尤为显著：干燥条件下两者静止侧压力系数间的差值为最大值的 11.67%，而含水量 20%条件下两者静止侧压力系数间的差值为最大值的 1.67%；这是因为相对密度 $D_r=69.3\%$ 时珊瑚细砂已达到密实状态，土颗粒间的结合极为紧密，接触点的数量显著增加，在同等条件下使土体产生相同的侧向位移需要施加更大的法向固结应力，相应的静止侧压力系数显著减小。这也表明在工程设计计算中，当呈干燥或近饱和状态的珊瑚砂地基密实度增加时，可对其静止侧压力系数值进行适当折减，从而降低工程造价。当珊瑚细砂含水量约为 10%时，其静止侧压力系数与相对密度间呈现出良好的线性关系。当试样的相对密度从 $D_r=42.2\%$ 增加到 $D_r=55.1\%$ 时，其静止侧压力系数间的差值为最大值的 3.68%；当试样的相对密度从 $D_r=55.1\%$ 提高到 $D_r=69.3\%$ 时，其静止侧压力系数间的差值为最大值的 3.36%；试样的密实度由中密向密实过渡的过程中，静止侧压力系数减小的幅度变化不大，这可能与不同密实度下试样的持水能力有关。

从图 3.9 中还可看出含水量 10%、20%珊瑚细砂静止侧压力系数均大于干燥状态下的相应值，并且在含水量 10%时达到最大，这与前述 3.3 节中的结论相吻合。其静止侧压力系数较干燥条件下大是由于水是粒间相对运动的润滑剂，含水

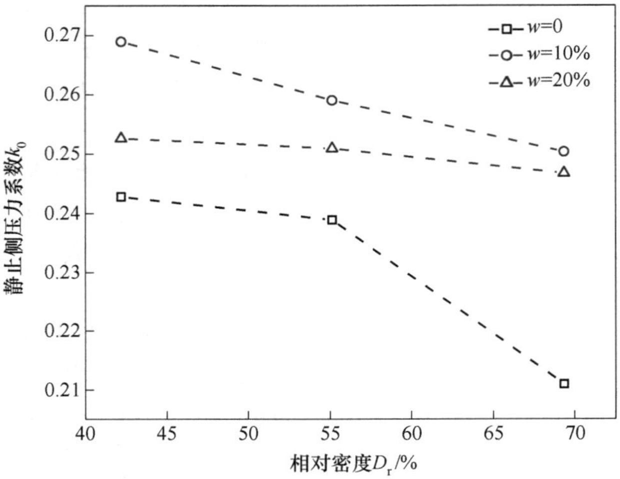

图 3.9　不同初始含水量珊瑚细砂静止侧压力系数与相对密度关系曲线

量的增大在一定程度上削弱了颗粒侧向运动的所需要克服的阻力，使得在同等法向固结应力作用下的侧向应力较干燥情况下大，相应的静止侧压力系数提高。干燥状态下相对密度 $D_r=42.2\%$ 珊瑚细砂的静止侧压力系数分别较含水量 10%、20%状态下降低 9.70%、3.88%，而干燥状态下相对密度 $D_r=55.1\%$ 珊瑚细砂静止侧压力系数分别较含水量 10%、20%状态下降低 7.76%、4.78%，干燥状态下相对密度 $D_r=69.3\%$ 珊瑚细砂静止侧压力系数分别较含水量 10%、20%状态下降低 15.69%、14.47%。虽然含水量 10%、20%珊瑚细砂的静止侧压力系数较干燥状态下的相应值大，但两者间的偏差极为有限，这也与 3.3 节中关于含水量对静止侧压力系数影响有限的研究结论相吻合。定义变量 ∂，其表达式见式（3.12），物理意义为静止侧压力系数增量与干密度增量之比（图 3.9 中曲线的斜率），用于恒量干密度变化对静止侧压力系数影响的程度。

$$\partial = \frac{\Delta k_0}{\Delta \rho_d} \times 100\% \tag{3.12}$$

本章中相对密度分别为 $D_r=42.2\%$ 和 $D_r=69.3\%$ 的珊瑚细砂，其干密度之差为 1.10 g/cm^3，可依据式（3.12）计算含水量 0、10%、20%条件下的 ∂ 值分别为 2.89%、1.69%、0.54%；而根据肖先波对干密度之差同为 1.10 g/cm^3 的陆源含气砂（或陆源含气粉细砂）静止侧压力系数的研究结果，推算含水量分别为 6%、8%、15%和 25%含气砂土 ∂ 值分别为 8.18%、9.09%、8.18%和 10.00%。可见密实度对静止侧压力系数（k_0）的影响与岩土介质类型密切相关，且密实度的变化对珊瑚细砂静止侧压力的影响较陆源砂土小。这可能与珊瑚砂不规则的颗粒形状有关，即便在密实度较小的情况下，也会产生较大的粒间阻力，阻碍颗粒的侧向运动；且 Xiao 等的研究结果表明，相对密度较低的珊瑚砂在固结过程中会产生更剧烈颗粒破碎，且由颗粒破碎生成的细颗粒填充粗颗粒间的孔隙致使试样更加密实；这也表明固结试验过程中珊瑚砂除了在法向应力作用下被压密以外，颗粒破碎也会对其密实度作出贡献；进而导致初始密实度对珊瑚砂静止侧压力系数的影响较陆源砂小。反之，陆源砂在固结过程中的颗粒破碎量较少，试样密实度的增大更大程度上取决于法向固结应力作用下颗粒间定向排列的变化；且颗粒形状规则，表面也较为光滑，密实度增大对陆源砂侧向移动的限制较珊瑚砂弱，即密实度的变化对陆源砂静止侧压力系数的影响较珊瑚砂更大。值得注意的是，本章定义的物理量 ∂ 仅能从整体上表征密实度对静止侧压力系数（k_0）的影响；由于静止侧压力系数（k_0）的影响因素较多，单独考虑密实度的影响较为困难，如不同含水量珊瑚细砂的 k_0 随相对密度增大而减小的趋势并不完全相同；且所选取的密实度区间对 ∂ 计算值也存在影响。

3.6 珊瑚砂与石英砂 k_0 的比较

3.6.1 试验设计与结果分析

同等含水量下珊瑚砂与石英砂静止侧压力系数（k_0）测试结果如图 3.10 所示。

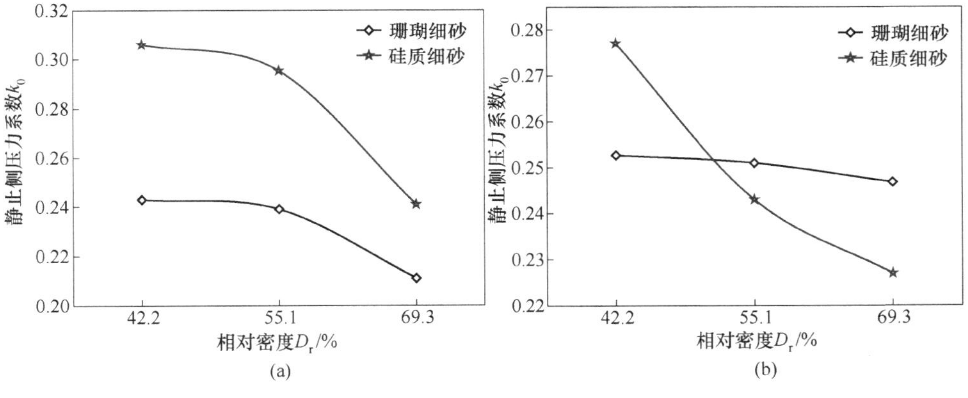

图 3.10 同等含水量下珊瑚砂与石英砂静止侧压力系数与相对密度间的关系

（a）$w=0$；（b）$w=20\%$

从图 3.10 中可看出如下三点。

（1）两种砂静止侧压力系数（k_0）均随相对密度的增大呈现出非线性减小的趋势，这与 Uncuoglu 等的研究结果一致。本章试图从细观角度对这一试验结果作出解释：当试样相对密度较小时，其内部砂颗粒结构也较松散，法向应力作用下易产生松动或滑移，进而导致试样侧向变形。在侧向变形受限情况下，通过对处于压力室侧壁橡胶膜外部水体的挤压，来平衡由法向应力增长所导致的侧向膨胀，其结果表现为压阻式压力传感器测得的示数增加，静止侧压力系数（k_0）也较大。当试样相对密度较大时，其内所含砂颗粒亦较多，同等条件下允许砂颗粒移动的空间较少；且其在制样时已通过颗粒间的错动和滑移形成较为稳定的咬合结构体系，施加法向应力后颗粒间较难产生相对运动，因此所测的静止侧压力系数（k_0）较小。另外，相关研究结果表明侧限压缩条件下松散珊瑚砂较密实珊瑚砂产生更多颗粒破碎，颗粒破碎产生更多细颗粒的同时也增大了试样内颗粒间侧向运动的概率，相应的静止侧压力系数较大。

（2）两种砂静止侧压力系数随试样相对密度的增大而减小的幅度不同；如在 $w=0$ 和 $w=20\%$ 条件下，石英砂静止侧压力系数随相对密度的增大分别减小了27%和22%，而珊瑚砂的减小幅度仅15%和2%，即石英砂静止侧压力系数随相对密度的增大而减小的幅度普遍大于珊瑚砂，且在试样初始含水量20%时表现得更为明显。这是因为珊瑚砂颗粒表面棱角度大，相对密度和含水量相同时珊瑚砂颗粒间的咬合更为紧密，相对运动的概率较小，因而静止侧压力系数变化的幅度也较石英砂小。

（3）干燥状态下，珊瑚砂的静止侧压力系数普遍小于石英砂；而当试样的初始含水量控制在20%的近饱和状态时，两种砂静止侧压力系数间的偏差并不大（最大差值仅为0.02）。这同样可从两者颗粒形状间的差异得到解释；珊瑚砂颗粒多棱角的材料特性使得同等条件下其较石英砂更难以侧向移动，相应的静止侧压力系数也较石英砂小；水在粒间相对运动过程中起润滑作用，含水量的增大在一定程度上削弱了颗粒形状对颗粒侧向移动（或静止侧压力系数）的影响，因此表现出两种砂静止侧压力系数在高含水量下相差不大的现象。

3.6.2　颗粒形状分析

为从颗粒形状角度对上述试验结果作出解释，对本次试验用珊瑚砂与石英砂的颗粒形状进行了量化处理。由图3.1可知粒径0.1~0.25 mm砂颗粒为主导粒径，其质量超过总质量的50%。因此，本章以粒径0.1~0.25 mm珊瑚砂和石英砂为研究对象，定量评估两种砂颗粒形状间的差异。鉴于粒径0.1~0.25 mm砂颗粒粒径较小，本章选用金相显微镜为研究工具，在50倍放大倍数下分别观测并拍摄两种砂颗粒的2D投影图像；然后，借助IPP（Image Pro Plus）专业图像分析软件获取颗粒形状基本参数；最后，在参考相关研究成果基础上，选用形状指数（f）、长宽比（α）、扁平度（e）、实用球形度（q）、球形度（s_q）和棱角度（A_g）定量评估两种砂颗粒的形状。为确保试验结果的可靠性，采用概率统计方法分别对1000颗珊瑚砂与石英砂颗粒的形状进行统计分析，所获取的颗粒形状参数值为1000颗颗粒形状参数值的统计平均值，结果如图3.11所示。形状指数（f）定义为颗粒投影轮廓的周长与等面积圆周长之比的平方，作为对颗粒形状整体轮廓的粗略描述。由于在同等面积下圆形颗粒的周长最小，故标准圆形颗粒的形状指数（f）为1。图3.11中珊瑚砂的形状指数较石英砂大，表明珊瑚砂的颗粒形状偏离圆形更多。长宽比（α）为颗粒投影轮廓的长度与宽度之比；扁平度（e）具有与长宽比（α）类似的定义，其值为最大费雷特直径与最小费雷特直径之比；长宽比（α）和扁平度（e）从不同角度反映了颗粒形状的扁平、狭长程度；图3.11中珊瑚砂颗粒的长宽比（α）和扁平度（e）均大于石英砂，表明珊瑚砂中棒状、枝状颗粒较石英砂多，这与珊瑚砂特殊的海洋生物成因密切相关。实用球形度（q）和球形度（s_q）描述了颗粒形状接近球形的程度，且其值越大越接近球形。图3.11中珊瑚砂颗粒的实用球形度（q）和球形度（s_q）均小于石英砂，表明石英砂的颗粒形状较珊瑚砂更接近球形。棱角度（A_g）定义为颗粒最小外接多边形周长与等效椭圆周长之比，是对颗粒表面磨圆度和棱角突出程度的集中反映。图3.11中珊瑚砂颗粒的棱角度较石英砂大，表明珊瑚砂的表面存在更多的棱角，且棱角起伏幅度较大。六种形状参数的统计分析结果均表明珊瑚砂较石英砂更偏离圆形，表面更粗糙，这也是在同等物性状态和应力条件下珊瑚砂更难以侧向移动的一个主要原因。

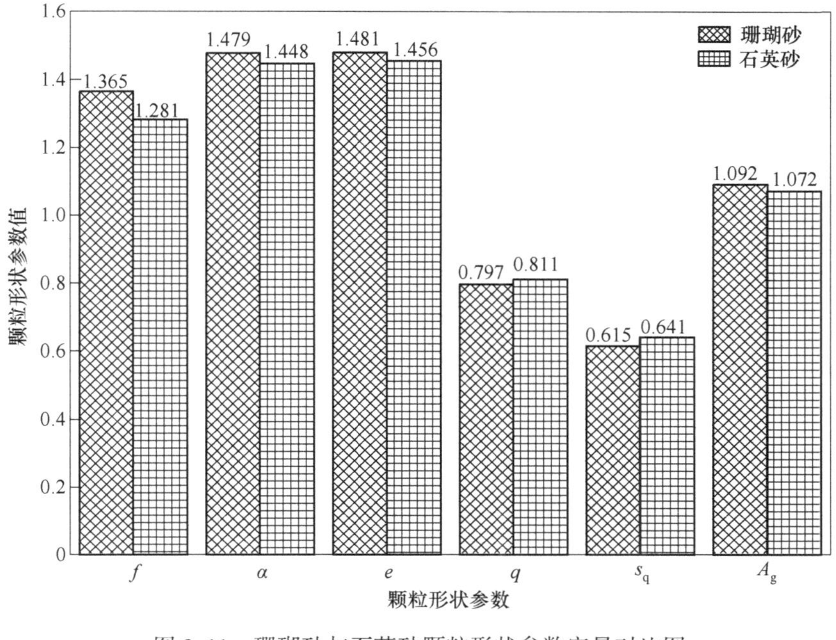

图3.11 珊瑚砂与石英砂颗粒形状参数定量对比图

4 基于三轴试验的珊瑚砂强度参数试验

岩土材料普遍具有剪胀性，且在研究砂、碎石土等粒状岩土材料工程力学行为时，剪胀是不可或缺的考虑因素。剪胀定义为岩土材料剪切过程中的体积变形特性，其中体积增大时为剪胀、体积减小时为剪缩（或负的剪胀）。剪胀最早由英国学者 Reynolds 提出，随后奥地利学者 Casagrande 借助试验分析了摩擦角对岩土材料变形的影响，并依据岩土材料的剪胀提出了临界孔隙比的概念，使剪胀正式运用于土力学领域。近年来，众多学者分别从理论分析、试验研究和数值模拟等方面对岩土材料剪胀性开展了研究，并取得丰富研究成果。然而，这些成果大多以陆源石英砂和粗粒土为研究对象，关于珊瑚砂剪胀性方面的报道较少，且关于珊瑚砂剪胀性方面的研究成果中大多以临界状态作为岩土材料体变模式的判断标准，忽视了剪胀变形前的剪缩行为，因而不能真实反映岩土材料变形的整个过程。珊瑚砂主要分布在热带海洋，是一种 $CaCO_3$ 含量超过（质量分数）90%、颗粒形状不规则、孔隙率大且易破碎的特殊岩土介质。由于珊瑚砂的材料属性较其他岩土材料更为复杂，目前尚未有学者明确提出关于珊瑚砂胀缩转化的判定标准。

为研究珊瑚砂的剪胀性，本章针对 4 种不同初始相对密度的珊瑚砂开展了 6 种不同有效围压下的三轴固结排水剪切试验，研究了物性条件和应力水平对其剪胀性的影响；在同等条件下开展了珊瑚砂和石英砂对比试验研究，揭示了两种砂剪胀性间的差异；基于对相变孔隙比（e_{pt}）、临界孔隙比（e_{cr}）与相对密度（D_r）、有效围压（σ_3'）间关系的分析，提出了珊瑚砂胀缩性判定标准。

4.1 试验简介

4.1.1 试验材料与设备

试验材料为取自某岛礁吹填区域的珊瑚砂，颗粒呈浅白色，带棱角，母岩质地较脆，颗粒强度低。按照《土工试验方法标准》（GB/T 50123—2019）中的相关规定，经颗粒粒径分析试验确定本次试验用珊瑚砂为级配不良的珊瑚中砂，如图 4.1 所示。试验用石英砂为取自中国武汉长江江滩的河砂；为便于开展珊瑚砂与石英砂力学行为的对比研究，设置两种砂样具有相同的颗粒级配特征，见表 4.1。由表 4.1 中的物性参数可看出以下几点。

（1）珊瑚砂的比重大于石英砂，这与两种岩土介质的矿物成分有关。珊瑚砂的矿物成分是碳酸钙，而二氧化硅是石英砂的主要组成部分；碳酸钙的密度大于二氧化硅，因此珊瑚砂的比重大于石英砂。

（2）与同种颗粒级配的石英砂相比，珊瑚砂的最大、最小干密度小于石英砂。这主要有两方面原因：首先，珊瑚砂的颗粒形状较石英砂更不规则，颗粒在自然堆积过程中更易形成较大粒间孔隙，致使其初始孔隙比较大；其次，珊瑚砂颗粒中存在较多内孔隙，进一步增加了珊瑚砂样的疏松程度。

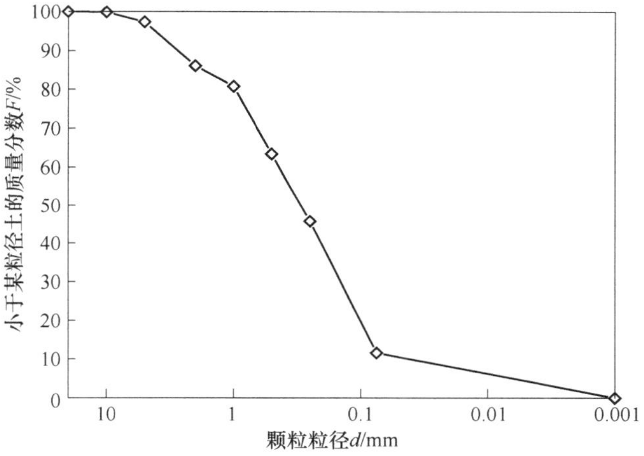

图 4.1 试验用珊瑚砂的颗分粒径分布曲线

表 4.1 试验用珊瑚砂与石英砂的物性参数

土样名称	d_{10}/mm	d_{30}/mm	d_{60}/mm	C_u	C_c	比重 Gs	最小干密度 /(g · cm^{-3})	最大干密度 /(g · cm^{-3})
珊瑚中砂	0.071	0.179	0.482	6.82	0.94	2.78	1.32	1.80
石英中砂						2.65	1.49	1.98

试验设备为中国南京泰克奥公司生产的 LH-TTS-10S 型全自动应力路径三轴仪，该三轴仪最大轴向压力可达 100 kN；围压、反压和孔隙水应力的量程均为 3 MPa，精度为±1 kPa；试样体积测量精度为 0.01 mL；剪切速度在 0.0001～2.4 mm/min 间可调。

4.1.2 试验方案设计

珊瑚砂样的初始孔隙比较大，排水较快，因而固结排水剪切应力状态更符合岛礁吹填地基中珊瑚砂实际所处的应力状态。本章对 4 种不同相对密度的珊瑚砂开展了 6 种不同有效围压下的三轴固结排水剪切试验，研究了珊瑚砂在不同密实度和应力条件下的剪胀性。依据对取样点处的实地勘察可知，经振冲处理后的珊瑚砂地基相对密度普遍在90%左右，所承受的基底应力多在200 kPa以内（最大不超过300 kPa）。因此，本章参照取样点的现场条件设置珊瑚砂样的物性参数和试验控制条件，以期近似模拟工程中珊瑚砂实际所处的应力状态。为揭示珊瑚砂与石英砂剪胀性的差异，在同等物性条件和应力水平下对珊瑚砂和石英砂开展了对比试验研究，具体试验设计见表4.2。试样尺寸（直径×高度）为61.8 mm×120 mm。

表 4.2　三轴剪切试验方案

土样名称	相对密度 D_r	含水率 w	剪切类型	有效围压/kPa	反压/kPa	剪切速率/(mm · min^{-1})	终止条件
珊瑚中砂	0.6，0.7，0.8，0.9	饱和	CD	50，100，150，200，250，300	400	0.8	20%
石英中砂	0.9	饱和	CD	100，200，300	400	0.8	20%

整个试验过程分为制样、饱和、固结和剪切四个部分。

（1）制样时，依据试样的物性参数和试验方案中的相对密度确定试样的质量；称取固定质量的试样，并将其分为三等份；分3层填装试样并压实，以确保其密度均匀。

（2）珊瑚砂颗粒中含有大量内孔隙，试样饱和难度大；通过反复试验最终确定结合采用抽真空饱和法、水头饱和法和反压饱和法饱和试样，且使用反压饱和法过程中的反压设为400 kPa；使用该方法可在1 h内使试样达到饱和度要求（B值达到95%以上）。

（3）结合试验方案中的有效围压和反压对饱和试样施加围压，使其在相应有效围压下固结稳定；固结稳定的判定标准为试样在每5 min内反压体积变化不超过5 cm^3，且固结稳定后方可开展剪切试验。

（4）采用应变控制式施加剪应力；剪切速率设为0.8 mm/min，且轴向应变达到20%时终止试验。同时为验证试验结果的准确性，对同一试样进行了3~4次重复试验，选取重复率较高的一组数据作为最终试验结果。

4.2　试验结果与分析

4.2.1　应力-应变关系

图4.2中分别展示了不同相对密度珊瑚砂在不同有效围压下的偏应力-轴向应变曲线和相应的体积应变-轴向应变曲线［轴向应变（ε_a）以压缩为正，体积应变（ε_v）以剪胀为正］。由图4.2可看出：在最大有效围压300 kPa下，不同

相对密度珊瑚砂的偏应力-轴向应变曲线均呈应变软化型，其峰值强度和残余强度均随有效围压的增大而增大，表现出与一般岩土材料相似的力学特性。从图 4.2 中还可看出：在最大有效围压 300 kPa 下，级配相同、初始相对密度不同的珊瑚中砂体变模式均为先剪缩后剪胀。剪缩发生在剪切初期，且随试样相对密度的增大、有效围压的减小，剪缩过程逐渐缩短；剪胀发生在剪切中后期，是试样体变的主要形式。试样的体变形式随轴向应变的增大由剪缩向剪胀过渡，即体积应变-轴向应变曲线上存在拐点；在拐点位置处试样的体变速率为 0；在拐点之前试样的体变速率为负值，并随轴向应变的增打逐渐增大；拐点之后试样的体变速率为正值，且体变速率最大点出现在剪胀阶段。为便于分析，本章中假定试样体变由剪缩向剪胀过渡的拐点为剪胀点（$d\varepsilon_v/d\varepsilon_a=0$），对应试样的相变状态；试样体变速率最大点为软化点（$d\varepsilon_v/d\varepsilon_a=\max$），对应试样的临界状态。

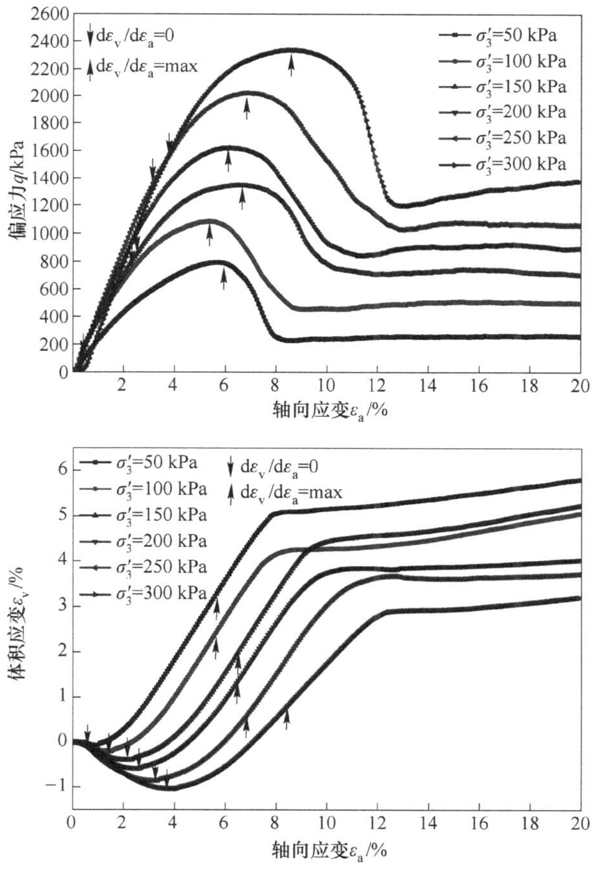

(a)

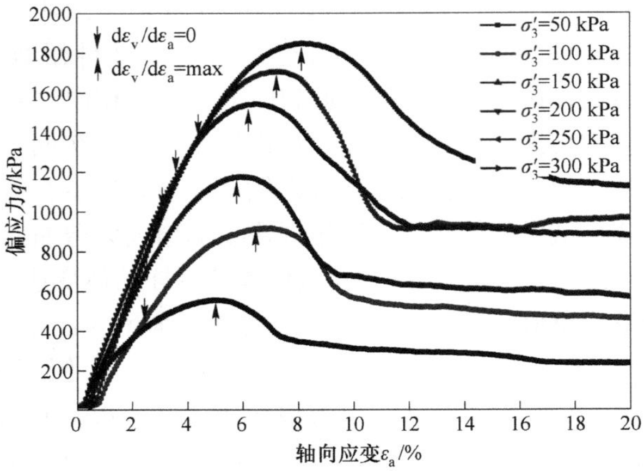
$d\varepsilon_v/d\varepsilon_a=0$
$d\varepsilon_v/d\varepsilon_a=max$
$\sigma_3'=50$ kPa
$\sigma_3'=100$ kPa
$\sigma_3'=150$ kPa
$\sigma_3'=200$ kPa
$\sigma_3'=250$ kPa
$\sigma_3'=300$ kPa
偏应力q/kPa
轴向应变ε_a/%

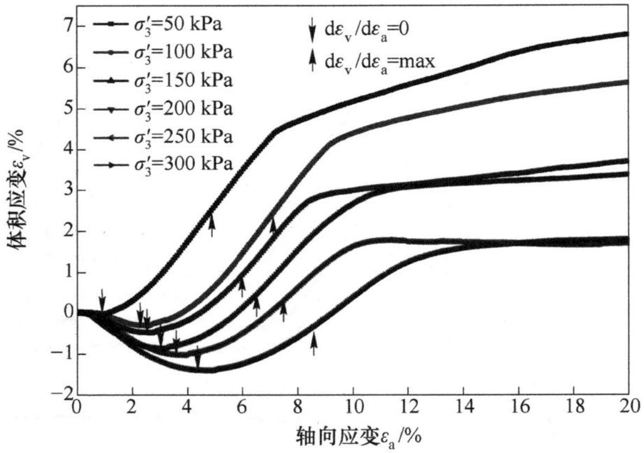
$\sigma_3'=50$ kPa
$\sigma_3'=100$ kPa
$\sigma_3'=150$ kPa
$\sigma_3'=200$ kPa
$\sigma_3'=250$ kPa
$\sigma_3'=300$ kPa
$d\varepsilon_v/d\varepsilon_a=0$
$d\varepsilon_v/d\varepsilon_a=max$
体积应变ε_v/%
轴向应变ε_a/%

(b)

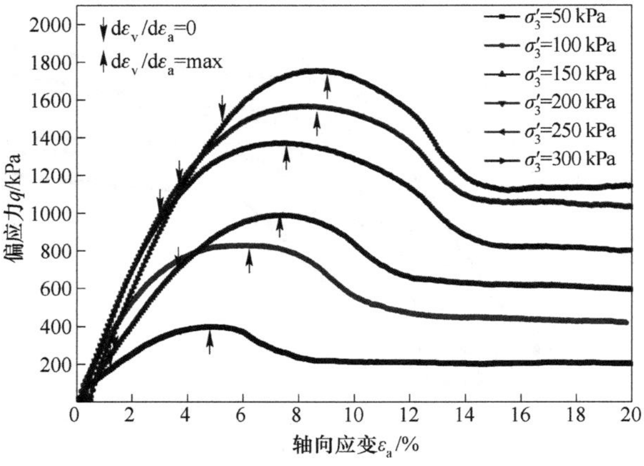
$d\varepsilon_v/d\varepsilon_a=0$
$d\varepsilon_v/d\varepsilon_a=max$
$\sigma_3'=50$ kPa
$\sigma_3'=100$ kPa
$\sigma_3'=150$ kPa
$\sigma_3'=200$ kPa
$\sigma_3'=250$ kPa
$\sigma_3'=300$ kPa
偏应力q/kPa
轴向应变ε_a/%

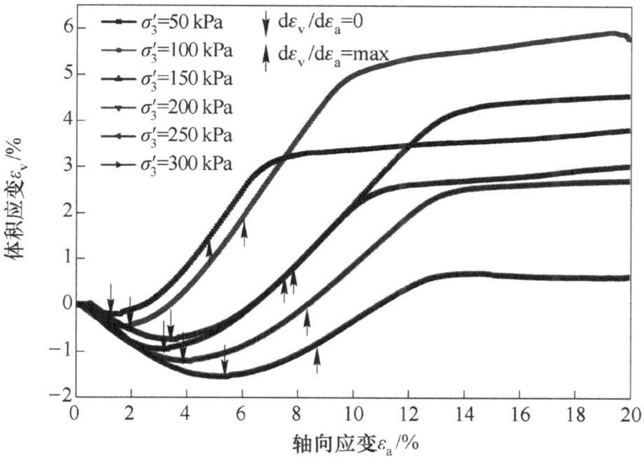

(c)

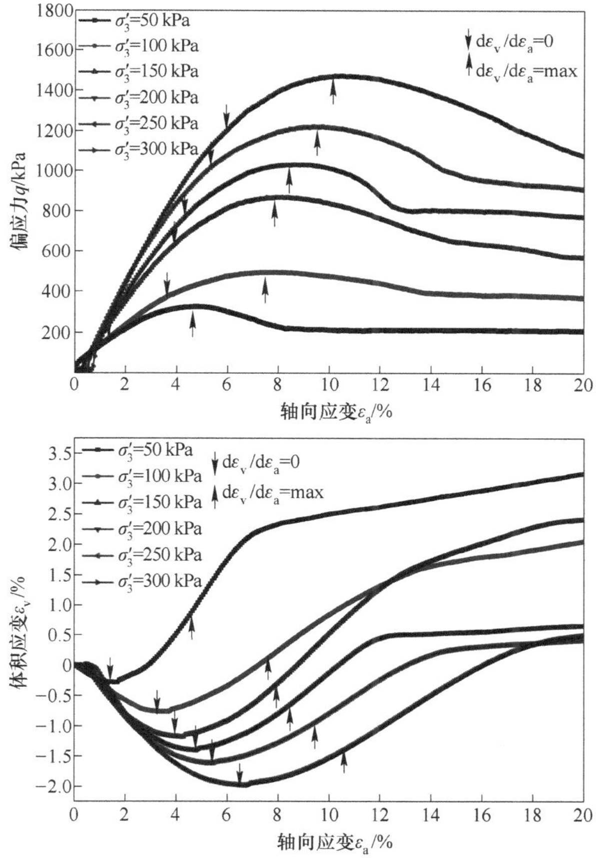

(d)

图 4.2 不同相对密度珊瑚砂在不同有效围压下的偏应力-轴向应变曲线和体积应变-轴向应变曲线

(a) $D_r=0.9$；(b) $D_r=0.8$；(c) $D_r=0.7$；(d) $D_r=0.6$

图 4.2 彩图

三轴剪切过程中试样的变形与强度间存在密切联系，且珊瑚砂是一种易破碎的特殊岩体材料，剪切过程中珊瑚砂样在体积变化（剪胀或剪缩）的同时还伴有颗粒破碎行为。

（1）剪切初期，无论固结稳定后的试样达到何种密实度，其均会在偏应力作用下发生不同程度的体积压缩；颗粒间紧密贴合，试样愈加密实，并达到相对稳定的平衡状态；此阶段内试样的强度近乎线性增大，颗粒破碎较少。

（2）随着轴向位移的持续增大，颗粒间的平衡状态被打破；此阶段内试样的体变速率由 0 逐渐增大到最大值，颗粒间通过相互错动以抵御试样内不平衡应力的增长，或由于试样剪胀导致偏应力增大。同时相互咬合的珊瑚砂颗粒在相对运动过程中不可避免地会发生颗粒破碎，削弱试样的剪胀，造成偏应力的减小。试验结果显示偏应力随轴向应变的增大非线性增长，表明此阶段内剪胀作用对强度的影响强于颗粒破碎，且在体变速率最大点附近试样偏应力增长到峰值。

（3）强度达到峰值后，试样已在偏应力作用下破坏。此后试样的体积虽略有增长，但剪胀速率已明显减小；颗粒破碎对强度的影响强于剪胀作用，偏应力随轴向应变的增大持续减小，至剪切后期达到基本稳定；此时试样的残余强度主要源于粒间相对运动的摩擦阻力，且残余强度的大小与试样所处的有效围压密切相关，与其初始密度关系不大。

4.2.2　应力路径

图 4.3 所示为不同相对密度珊瑚砂在不同有效围压下的三轴剪切过程中的应力路径。在 300 kPa 有效围压范围内，不同相对密度珊瑚砂的偏应力-轴向应变曲线并未呈现出明显硬化现象，故其偏应力（q）随平均有效应力（p'）的增长呈现出先增长至峰值应力（q_p），后回落至残余应力（q_r）的趋势；偏应力（q）与平均有效应力（p'）间存在极强的线性关系，且不同有效围压下的 q-p' 曲线相互平行。这是因为在三轴固结排水剪切试验中，偏应力（q）和平均有效应力（p'）可分别表示为：

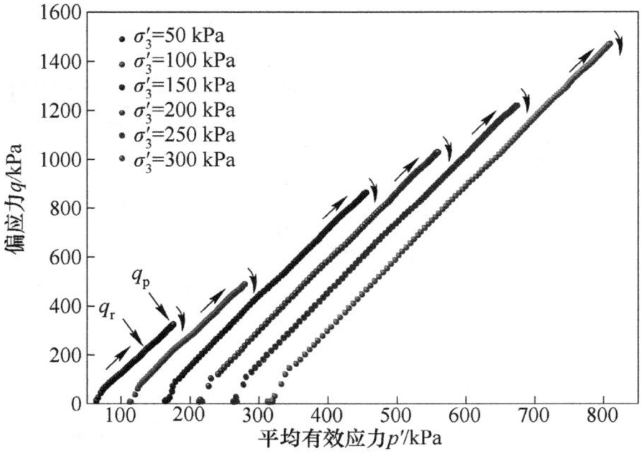

(a)

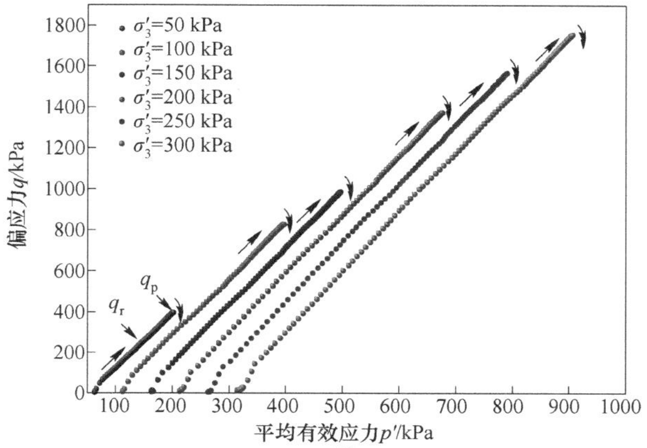

(b)

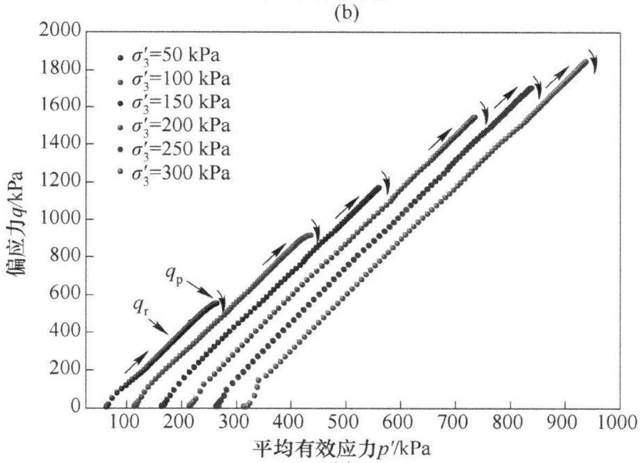

(c)

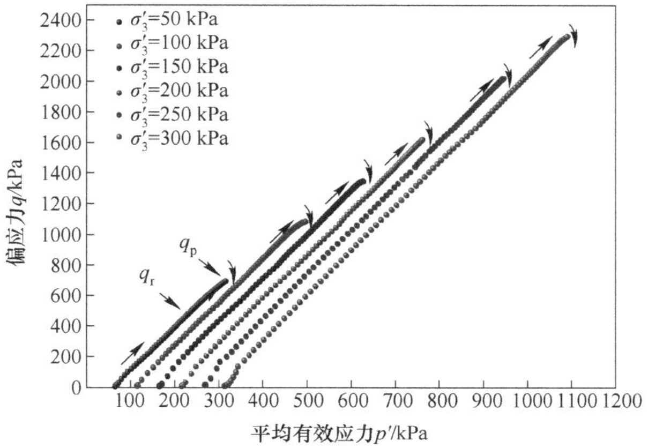

(d)

图 4.3 不同相对密度珊瑚砂在不同有效围压下的应力路径

(a) $D_r = 0.6$；(b) $D_r = 0.7$；(c) $D_r = 0.8$；(d) $D_r = 0.9$

图 4.3 彩图

$$q = \sigma_1 - \sigma_3 = \sigma_1' - \sigma_3' \tag{4.1}$$

$$p' = (\sigma_1' + \sigma_2' + \sigma_3')/3 = (\sigma_1' + 2\sigma_3')/3 \tag{4.2}$$

由式（4.1）和式（4.2）可得出试样在三轴固结排水剪切中的应力路径为：

$$q = 3(p' - \sigma_3') \tag{4.3}$$

由式（4.3）可看出偏应力（q）随平均有效应力（p'）的增加以3倍的平均有效应力（p'）的速率增长，线性规律明显。

4.2.3　剪胀点与软化点

图4.4（a）展示了与不同相对密度珊瑚砂剪胀点相应的轴向应变随有效围压的变化；图4.4（b）展示了与不同相对密度珊瑚砂软化点相应的轴向应变随有效围压的变化。对比分析图4.4（a）和（b）可知：三轴剪切过程中，与珊瑚砂剪胀点相应的轴向应变小于与其软化点相应的轴向应变；如当相对密度（D_r）依次从0.6增大到0.9时，在300 kPa有效围压范围内偏应力-轴向应变曲线始终呈应变软化型，剪胀点对应的轴向应变始终小于软化点对应的轴向应变，这与试样先剪缩后剪胀的变形模式相一致。图4.4中的结果亦表明：除个别离散数据外，与珊瑚砂剪胀点和软化点相应的轴向应变随相对密度的减小或有效围压的增大而增大。

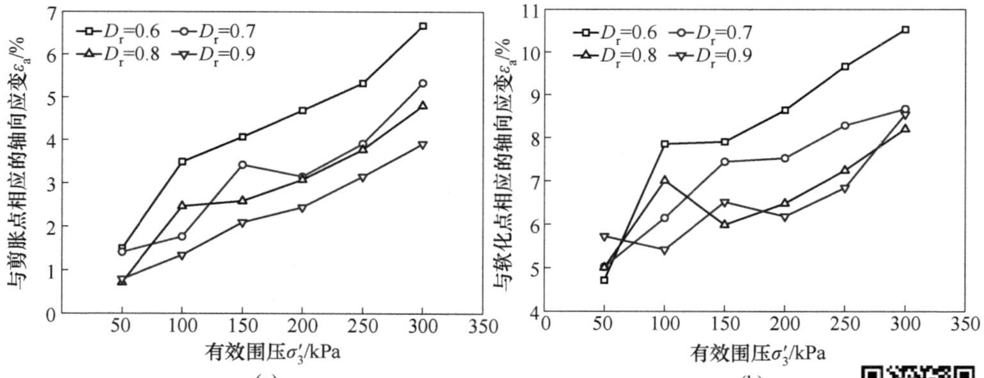

(a)　　(b)

图4.4　剪胀点与软化点所对应的轴向应变

（a）剪胀点；（b）软化点

图4.4彩图

图4.5（a）所示为与不同相对密度珊瑚砂剪胀点相应的体积应变随有效围压的变化；图4.5（b）所示为与不同相对密度珊瑚砂软化点相应的体积应变随有效围压的变化。从图4.5中可看出：三轴剪切过程中，珊瑚砂在剪胀点处始终处于剪缩状态，且随有效围压的增大或相对密度的减小，与剪胀点相应的珊瑚砂剪缩量逐渐增大（或体积应变逐渐减小）。与珊瑚砂软化点相应的体积应变随相

对密度和有效围压的变化规律与剪胀点处类似，且基于对与软化点相应体积应变的分析，发现达到软化点时珊瑚砂可能处于剪胀状态，也可能处于剪缩状态，主要取决于珊瑚砂的初始物性条件和所处的应力状态。若珊瑚砂的初始相对密度越大、有效围压越小，与软化点相应的体积应变表现为剪胀，反之则表现为剪缩。

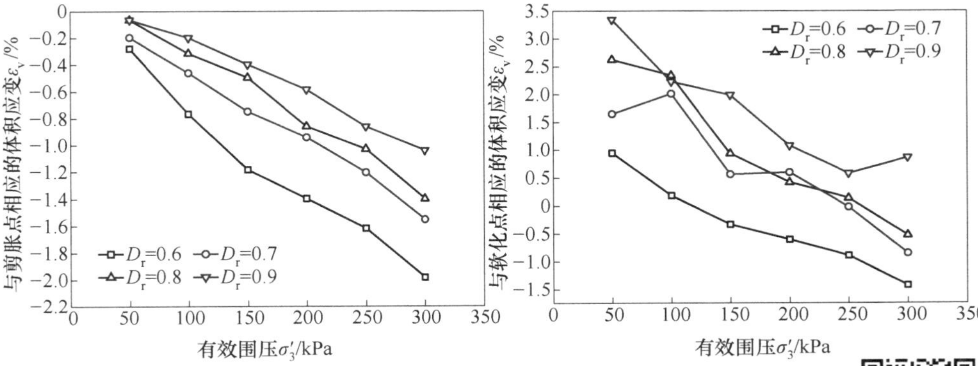

(a)　(b)

图 4.5　剪胀点与软化点所对应的体积应变

(a) 剪胀点；(b) 软化点

图 4.5 彩图

图 4.6 (a) 所示为与不同相对密度珊瑚砂剪胀点相应的偏应力随有效围压的变化；图 4.6 (b) 所示为与不同相对密度珊瑚砂软化点相应的偏应力随有效围压的变化。由图 4.6 可以看出以下几点。

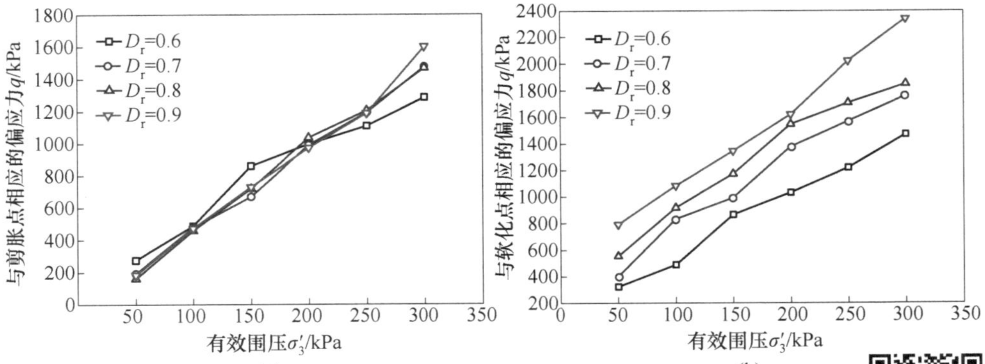

(a)　(b)

图 4.6　与不同相对密度珊瑚砂剪胀点与软化点相应的偏应力随有效围压的变化

(a) 剪胀点；(b) 软化点

图 4.6 彩图

（1）与不同相对密度珊瑚砂剪胀点处相应的偏应力差别不大。从开始剪切至出现剪胀点的过程中，不同相对密度珊瑚砂在偏应力作用下达到相应有效围压下的最密实状态。相对密度和有效围压对珊瑚砂样在剪胀点处的密实状态以及出现剪胀点的时间均存在影响。然而，与不同相对密度珊瑚砂剪胀点处相应的偏应力差别不大，也表明相较于密实度（或相对密度），有效围压对这个过程的影响更大。

（2）与软化点处相应的偏应力随珊瑚砂相对密度的增大而增大。当试样体积恒定时，相对密度越高的珊瑚砂样中所含的颗粒数量越多，剪切过程中粒间相对运动时的摩擦、剪胀等有益于强度增长的因素占比更大，故与高相对密度珊瑚砂样软化点处相应的剪切强度也越大。图 4.6 中的结果也可看出以下几点。

1）与不同相对密度珊瑚砂剪胀点和软化点处相应的偏应力均随有效围压的增大而增大，这与摩尔库伦强度定律相一致。

2）同等相对密度和有效围压下，与珊瑚砂剪胀点相应的偏应力均小于与软化点相应的偏应力。剪胀点是试样剪缩与剪胀的分界点，与该点相应的偏应力主要由粒间相对滑动的摩擦阻力引起的，且对高相对密度珊瑚砂样其剪缩阶段较短，当有效围压较小时与其剪胀点相应的偏应力更小。而与软化点相应的偏应力不仅包括粒间相对滑动的摩擦阻力，还包括试样剪胀对其偏应力增长的贡献，相应的偏应力更大。

4.3　对比试验分析

由上述分析可知，剪胀点是试样体变模式由剪缩向剪胀转化的过渡点。本章主要从剪胀点的角度对珊瑚砂与石英砂在剪切过程中的体积变化差异性进行对比分析。图 4.7（a）和（b）分别展示了相对密度 $D_r = 0.9$ 的珊瑚砂与石英砂在 100 kPa、200 kPa 和 300 kPa 有效围压下与剪胀点相应的轴向应变（ε_a）和体积压缩量（$-\varepsilon_v$）。图 4.7 中的结果可以看出以下几点。

（1）同等相对密度和有效围压下，与珊瑚砂剪胀点相应的轴向应变（ε_a）大于石英砂。由于剪切速率恒定，图 4.7（a）中 ε_a 可用以表征试样发生剪胀变形的起始时间；图 4.7（a）中的结果也表明同等条件下珊瑚砂剪胀变形的起始时间较石英砂晚。

（2）同等相对密度和有效围压下，与珊瑚砂剪胀点相应的体积压缩量（$-\varepsilon_v$）较石英砂大。由前述定义可知当试样达到相应有效围压下的最密实状态时才出现剪胀点，与珊瑚砂剪胀点相应的体积压缩量（$-\varepsilon_v$）较石英砂更大，表明同等条件下珊瑚砂样内存在更大的可压缩空间。图 4.7（a）和（b）均表明同等相对密度和应力水平下珊瑚砂较石英砂更难以达到密实状态，也更难以发生剪胀变形。珊瑚砂不规则的颗粒形状和丰富的内孔隙可能是导致这一结果的主要原因。

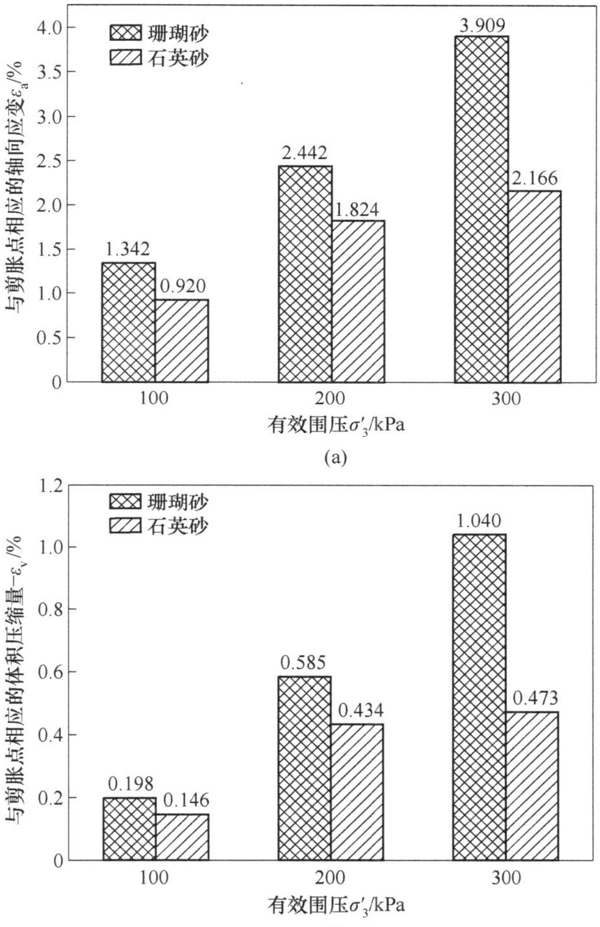

图 4.7 与珊瑚砂和石英砂剪胀点相应的轴向应变和体积压缩量

（a）轴向应变；（b）体积压缩量

4.4 孔隙比、相对密度及有效围压间的关系

本构关系研究中常选用剪胀率（d）作为土体胀缩性判定标准。剪胀率（d）定义为塑性体积应变增量（$d\varepsilon_v^p$）与塑性剪应变增量（$d\varepsilon_q^p$）的比值；在建立剪胀率（d）与应力比（q/p'）或大小主应力比（σ_1/σ_2）间关系的基础上开展岩土材料本构关系研究。然而，使用剪胀率（d）评估岩土材料变形模式存在两个

不可忽视的问题。

（1）剪胀率（d）的获取过程复杂。首先，开展不同应力水平下的固结试验与卸载试验，获取卸载回弹模量（E_1），并依据式（4.4）分离塑性体变（ε_v^p）与弹性体变（ε_v^e）：

$$\varepsilon_v^p = \varepsilon_v - \frac{\sigma_3}{E_1} \tag{4.4}$$

随后，开展指定应力路径下的三轴剪切与卸载试验，获取卸载回弹模量（E_2），并依据式（4.5）分离塑性轴变（ε_a^p）与弹性轴变（ε_a^e）：

$$\varepsilon_a^p = \varepsilon_a - (\sigma_1 - \sigma_3)/E_2 \tag{4.5}$$

最后，使用式（4.6）计算相应的塑性剪应变（ε_q^p），进而求出土体的剪胀率 d：

$$\varepsilon_q^p = \varepsilon_a^p - \frac{\varepsilon_v^p}{3} \tag{4.6}$$

（2）本构关系研究中常用的剪胀方程为修正剑桥模型的剪胀方程和 Rowe 剪胀方程，其表达式分别为式（4.7）和式（4.8）：

$$d = \frac{M_f^2 - \eta^2}{2\eta} \tag{4.7}$$

$$d = 1 - R/R_u \tag{4.8}$$

式（4.7）中 M_f 和 η 分别为临界状态应力比和当前状态下的应力比；式（4.8）中的 R_u 和 R 分别为临界状态和当前状态下的大小主应力比。这两个剪胀方程分别建立了剪胀率（d）与应力比（q/p'）或大小主应力比（σ_1/σ_2）间的关系，并未直接反映岩土材料的物性条件。然而，设计、施工过程中工程师们更希望获取能够依据珊瑚砂的密实度以及所处的应力状态直接评估其变形模式的方法。鉴于此，本章深入探讨了珊瑚砂的孔隙比（e）与相对密度（D_r）、有效围压（σ_3'）间的关系。

三轴试验中常见的岩土材料变形模式有两种，即直接剪缩或先剪缩后剪胀。然而，理论上岩土材料存在三种变形模式：（1）当岩土材料的初始密实度（或孔隙比）低于（或高于）临界状态密实度（或临界孔隙比）时，其在剪切过程中持续剪缩，直至达到临界状态。由于试样端部约束、橡皮膜的嵌入、出现局部剪切等因素，岩土材料严格达到临界状态非常困难；为便于分析，常将轴向应变15%时相应的状态近似视为临界状态，此时剪胀点与软化点重合。（2）当岩土材料的初始密实度（或孔隙比）大于等于（或小于等于）临界状态密实度（或临界孔隙比），且小于（或大于）相变状态密实度（或相变孔隙比）时，其在剪切过程中先剪缩至相变状态，然后剪胀至临界状态破坏。（3）当岩土材料的初始密实度（或孔隙比）等于相变状态密实度（或相比孔隙比），其在剪切过程中直接剪胀至临界状态破坏。由于相变状态为岩土材料在相应有效围压下的最密实状态，一般试样制备过程中很难达到该状态，因此试验中较少观测到岩土材料直接剪胀的变形模式。

依据上述对岩土材料变形模式的分析，分别建立相变孔隙比（e_{pt}）、临界孔隙比（e_{cr}）与初始相对密度（D_r）、有效围压（σ_3'）间的关系表达式，作为珊瑚砂胀缩性判定标准。

图 4.8 和图 4.9 所示为 4 种不同初始相对密度珊瑚砂的相变孔隙比（e_{pt}）、临界孔隙比（e_{cr}）与有效围压（σ_3'）及相对密度（D_r）间的关系曲线；为消除量纲的影响，用（σ_3'/p_a）替代有效围压（σ_3'）；p_a 为标准大气压力，一般取 101 kPa。从图 4.8 中可看出以下两点。

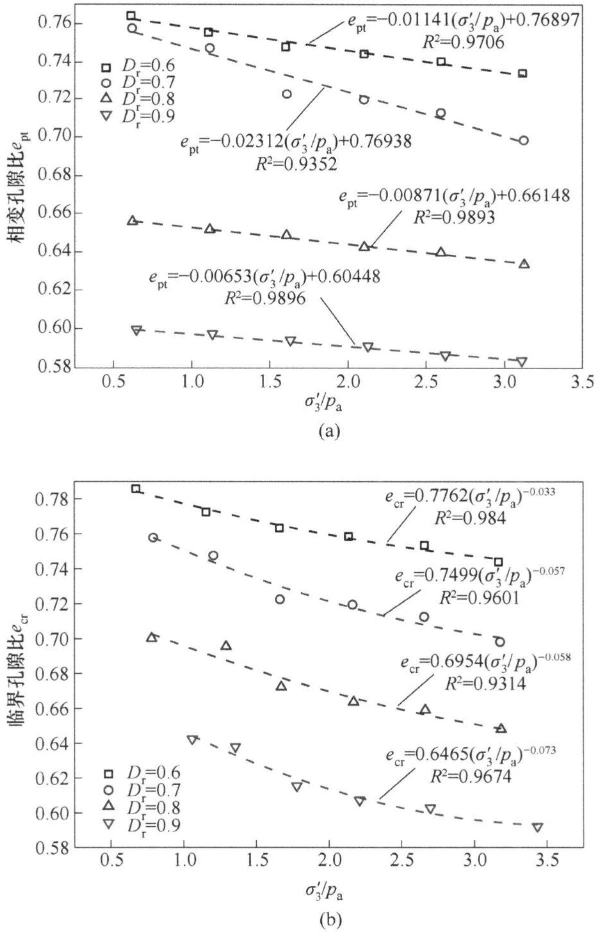

图 4.8 孔隙比-有效围压关系曲线

（a）剪胀点；（b）软化点

图 4.8 彩图

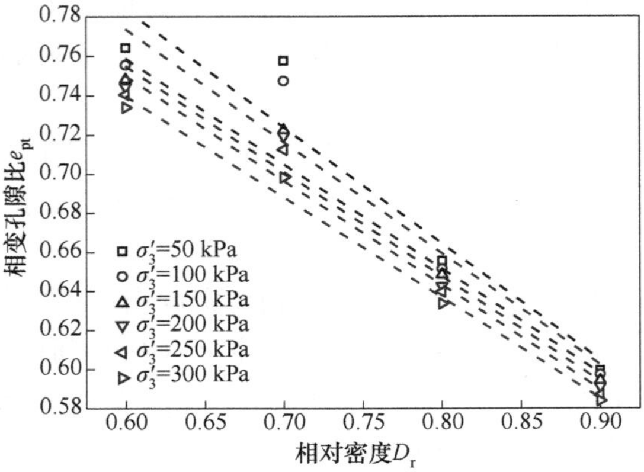

(a)

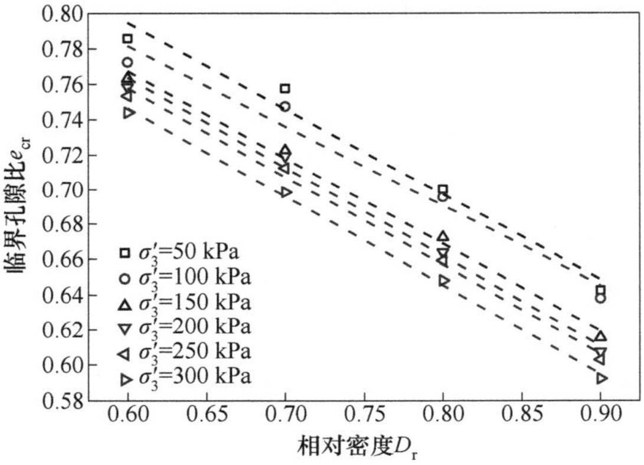

(b)

图 4.9　孔隙比-相对密度关系曲线

（a）剪胀点；（b）软化点

图 4.9 彩图

（1）4 种不同相对密度珊瑚砂在剪胀点处的相变孔隙比（e_{pt}）随有效围压（σ_3'）的增大线性减小；进一步分析发现，两者间存在良好的线性关系。可用式（4.9）进行线性拟合：

$$e_{pt} = a_1 \frac{\sigma_3'}{p_a} + b_1 \tag{4.9}$$

式中　a_1，b_1——拟合参数。

（2）4 种不同相对密度珊瑚砂在软化点处的临界孔隙比（e_{cr}）随有效围压（σ_3'）的增大非线性减小；对数据进行统计分析发现，两者间存在良好的幂函数关系。并可用式（4.10）进行拟合：

$$e_{cr} = a_2\left(\frac{\sigma_3'}{p_a}\right)^{b_2} \tag{4.10}$$

式中　a_2，b_2——拟合参数。

从图 4.9 中可看出：同等有效围压下，珊瑚砂的相变孔隙比（e_{pt}）或临界孔隙比（e_{cr}）均随相对密度（D_r）的增加而减小，且两者之间均存在良好的线性关系。分别使用式（4.11）和式（4.12）对其关系进行拟合，c_1、d_1、c_2、d_2 分别为相应的拟合参数：

$$e_{pt} = c_1 D_r + d_1 \tag{4.11}$$

$$e_{cr} = c_2 D_r + d_2 \tag{4.12}$$

通过上述分析，可归纳得到固定级配珊瑚砂的胀缩性判定标准，且分别可用式（4.13）和式（4.14）来表示：

$$e_{pt} = a_3\frac{\sigma_3'}{p_a} + c_3 D_r + d_3 \tag{4.13}$$

$$e_{cr} = a_4\left(\frac{\sigma_3'}{p_a}\right)^{b_4} D_r^{c_4} + d_4 \tag{4.14}$$

相变孔隙比（e_{pt}）与有效围压（σ_3'）及相对密度（D_r）间均存在良好线性关系，故式（4.13）所描述的三维实体为一光滑平面，如图 4.10（a）所示。式中 a_3、c_3 分别为剪切过程中与珊瑚砂相变状态相关的应力水平依存系数和初始物性状态依存系数，反映相变孔隙比（e_{pt}）随有效围压（σ_3'）和初始密实度（D_r）的增大而减小的幅度，因此 a_3、c_3 均为负值。d_3 表征剪切过程中其他因素对相变孔隙比（e_{pt}）的影响，通常取正值。基于式（4.13）拟合试验数据获取 a_3、c_3 和 d_3 分别为−0.012、−0.547 和 1.111，相关性系数 R^2 为 0.976。临界孔隙比（e_{cr}）与有效围压（σ_3'）间存在良好的幂函数关系，因此式（4.14）所描述的三维实体为光滑曲面（见图 4.10（b））。式中 a_4 为不考虑其他因素影响，σ_3'/p_a 和 D_r 均取 1 时对应的临界孔隙比（e_{cr}）；b_4、c_4 分别为与临界状态相对应的应力水平依存系数和物性状态依存系数，反映临界孔隙比（e_{cr}）随有效围压（σ_3'）和初始密度（D_r）的增大而减小的程度，因此 b_4、c_4 也为负值；d_4 表征珊瑚砂剪切至临界状态过程中其他因素（如颗粒破碎、重排列等）对临界孔隙比（e_{cr}）的影响；由于剪切过程中存在明显的颗粒破碎现象，由颗粒破碎生成的细颗粒填充粗颗粒间的孔隙，且颗粒重排列在总体上向使珊瑚砂样更密实的方向发展，故 d_4 通常取负值。基于式（4.14）拟合试验数据获取 a_4、b_4、c_4 和 d_4 分别为 44.771、−0.0008、−0.0078 和−44.160，相关性系数 R^2 为 0.986。图 4.10 中散点为试验实测值，光滑平面或曲面为拟合曲面。由图 4.10 可知式（4.13）和式（4.14）能较好反映珊瑚砂的剪胀性与其初始物性条件和所处应力状态间的关系。对与本章中相同级配的珊瑚砂，可依据其初始相对密度和有效围压，通过式（4.13）和式（4.14）评估其变形模式。

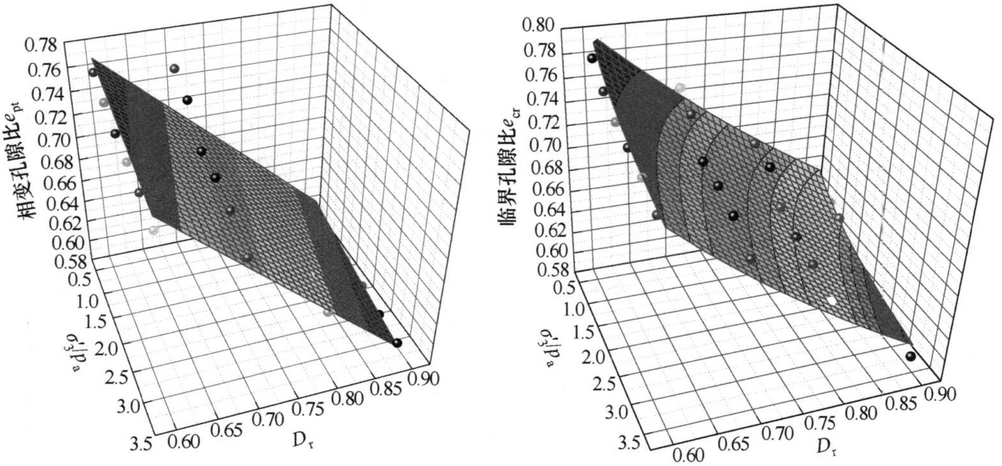

(a)　　(b)

图 4.10　相变孔隙比、临界孔隙比-有效围压-相对密度拟合曲面

（a）剪胀点；（b）软化点

图 4.10 彩图

5 珊瑚砂地基工程特性现场试验

珊瑚砂是由海洋中的造礁石珊瑚群体死亡后的生物遗骸经波浪破碎或风化作用、水流搬运、堆积及胶结等物理、化学和生物作用形成的一种具有特殊物理力学性质的岩土介质，其 $CaCO_3$ 含量在97%以上，主要分布于热带或亚热带气候的海洋环境中。吹填岛礁中珊瑚砂的颗粒粒径分布范围较广，但主要为砂和碎石，粒径小于0.075 mm的细粒土含量极少，其质量百分含量仅约5%。珊瑚砂的主要特点是颗粒形状不规则、易破碎、高内摩擦角、高孔隙比等，其物理力学性质和陆源砂存在显著区别，工程特性也与陆相沉积物存在较大差异。

近年来，随着对海洋工程建设和海洋资源开发进程的不断深入，与珊瑚砂相关的岩土工程问题也逐渐得到重视，珊瑚砂工程特性研究也逐渐成为众多学者关注的焦点。珊瑚礁灰沙岛上主要存在以下几种不同地貌单元的地基，即礁坪相、沙坝区、沙席区以及人工填筑地基等。这些不同地貌单元地基中珊瑚砂的颗粒级配和密实度差异较大，其工程力学特性也不相同。因此，查明不同地貌单元地基的原位工程特性是深入研究珊瑚砂岩土工程特性的基础。基于以上目的，本章通过对某岛礁不同地貌单元内的珊瑚砂地基开展浅层平板载荷试验、深层螺旋板试验、地基回弹模量试验等，综合评价珊瑚砂地基在荷载作用下的承载能力以及工程力学特性。

5.1 浅层平板载荷试验

5.1.1 试验方案

某岛礁内珊瑚砂地基的地质、地貌和岩土条件如下。

(1) 礁坪相地基。礁坪相是珊瑚礁顶部的主体部分，主要受海潮的影响，涨潮时淹没、低潮时露出水面，如图5.1所示。礁坪相的浅部地层以松散珊瑚砂为主，厚度约22 m，礁坪表层覆盖有少量礁石。通过对该岛礁坪相地基土取样并开展筛分试验可知，礁坪相地基内颗粒以珊瑚中粗砂为主（见图5.2），含少量礁块，地基土较松散，天然干密度为1.39~1.56 g/cm^3，见表5.1。

图 5.1　礁坪相地基平板载荷试验

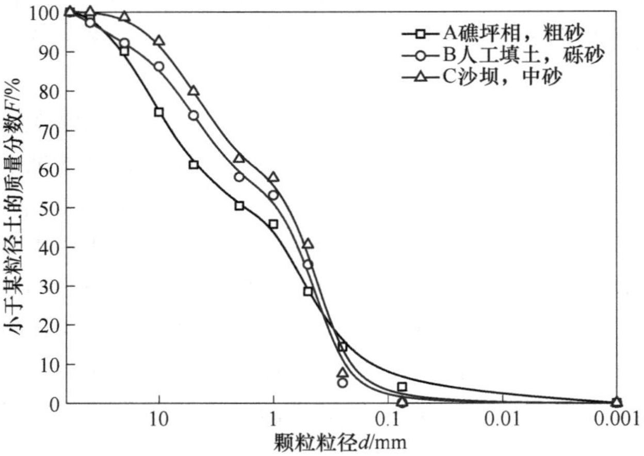

图 5.2　三类地基中珊瑚砂的颗粒粒径分布曲线

图 5.2 彩图

表 5.1　平板载荷试验方案

地基类型及编号	地基土类别	载荷试验编号		
A 礁坪相，天然地基	珊瑚粗砂	A1	A2	A3
B 人工填土，人工地基	珊瑚砾砂	B1	B2	B3
C 沙坝，天然地基	珊瑚中砂	C1	C2	C3

（2）沙坝地基。沙坝是珊瑚礁礁坪上受水流冲击形成的海拔最高、露出水面的砂质地基，主要是在风暴潮和台风等作用下形成的。沙坝地基内颗粒以珊瑚中砂为主，含有少量砾石，密实度不均匀，地基天然干密度为 1.19~1.29 g/cm^3。

（3）人工填筑地基。珊瑚礁上修筑机场跑道及建筑物地基，通常是以开挖珊瑚礁潟湖内沉积的珊瑚砂作为主要填筑材料，并经过分层碾压而成，如图 5.3 所示。人工填筑地基内颗粒以珊瑚砾砂为主，经过碾压后较为密实，地基天然干密度为 1.66~1.70 g/cm^3 且地基承载力较高。

图 5.3 人工填筑珊瑚砂地基

目前，珊瑚岛礁上的工程建设多是以上述三种不同地貌单元地基作为基础的持力层。因此，针对上述不同的地基类型开展地基承载能力和变形特性研究，可为岛礁工程的设计和施工提供科学依据。以某岛礁为例，针对三种不同地貌类型的珊瑚砂地基开展浅层平板载荷试验，具体试验方案见表 5.1。

采用试坑灌水法对载荷试验点附近的珊瑚砂地基开展天然密度测试。珊瑚砂地基天然密度试验设备包括：直径 100 cm、高度 20 cm 的钢圈，聚氯乙烯塑料薄膜等。由于珊瑚砂地基中常含有粒径大于 30 cm 的礁块，为确保试验数据的准确性，试坑尺寸应足够大；本次试验试坑直径为 100 cm，深度为 50 cm。取出试坑内土样后称重，并采用上覆水法测试土样体积；然后依据式（5.1）和式（5.2）分别计算珊瑚砂地基的天然密度和干密度。此方法测试精度较高，满足试验要求。

$$\rho = \frac{m}{V} \tag{5.1}$$

$$\rho_d = \frac{\rho}{1 + 0.01w} \tag{5.2}$$

式中 m——珊瑚砂样的质量，g；

V——珊瑚砂样的体积，cm^3；

ρ——珊瑚砂样的天然密度，g/cm^3；

w——珊瑚砂的天然含水率，%；

ρ_d——珊瑚砂样的干密度，g/cm^3。

此外，在载荷试验加载结束后针对 A3、B2、B3 和 C1 四个试验点开展了卸载回弹试验。

5.1.2　试验结果与分析

图 5.4 所示为典型珊瑚砂地基荷载-沉降曲线（即 P-S 曲线）。由 P-S 曲线可知：珊瑚砂地基的 P-S 曲线主要呈直线型和曲线型，无陡降段出现，即地基不会出现突然破坏。受现场试验条件限制，本次试验最大加载量仅为 720 kPa，相应的地基最大沉降量为 11.55 mm，最小沉降量为 2.56 mm；卸荷后测得地基的回弹量很小，最大回弹量仅为 2.23 mm，表明地基变形主要为塑性变形。

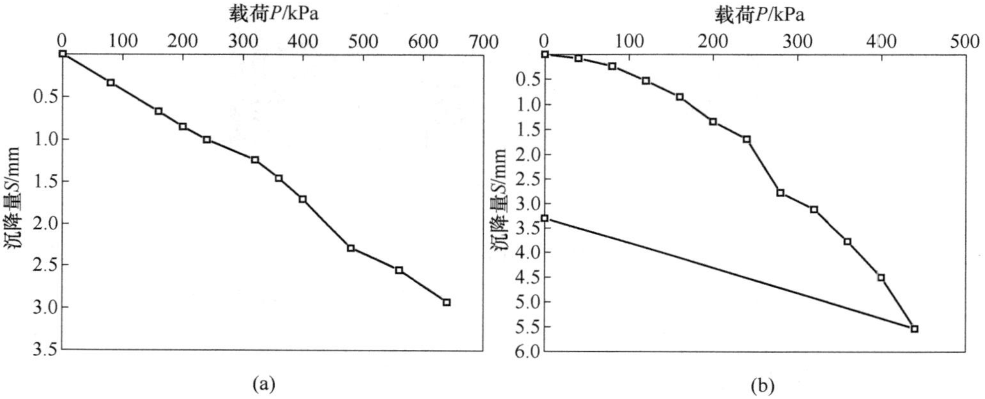

图 5.4　典型珊瑚砂地基浅层平板载荷试验曲线

（a）B2 试验点；（b）C1 试验点

依据《建筑地基基础设计规范》（GB 50007—2011）中的相关规定，由 P-S 曲线确定珊瑚砂地基的承载力和变形模量，见表 5.2。表 5.2 中的结果表明以下几点。

（1）对三种不同地貌单元内的珊瑚砂地基，礁坪相地基（A1、A2 和 A3）的承载能力最低，地基承载力特征值为 120～240 kPa。涨潮时载荷板位于水下 20～30 cm，因此地基处于饱和状态，载荷板的下沉量较大，最大下沉量约 8 mm。该类型地基中三个试验点的变形模量分别为 116 MPa、56 MPa 和 87 MPa，可见其地基不均匀性较大。

（2）人工填筑地基的承载能力最高，地基承载力特征值为 320～360 kPa，地基变形模量为 95～200 MPa，地基沉降量较小，最大沉降量为 7.70 mm。

（3）沙坝处地基承载能力介于上述两种地基之间，为 180～240 kPa，地基变形模量为 62～115 MPa，地基承载力特征值对应的沉降量最大仅为 2.32 mm。由于载荷试验过程中遭遇暴雨，使得地基含水量升高，最大可达到 15.28%，因此该实测地基承载力会偏低。由上述实测地基承载特性参数可看出，珊瑚砂地基作为低层建筑物的地基持力层时其承载能力和沉降均能满足要求，无须进行地基处理。

表 5.2　珊瑚砂地基浅层平板载荷试验结果

试验编号	天然干密度 /(g·cm^{-3})	承载力特征值/kPa	变形模量 /MPa	最大沉降量 /mm	卸载回弹量 /mm	回弹率/%
A1	1.39	200	116	2.56	—	—
A2	1.53	240	56	7.92	—	—
A3	1.56	120	87	6.12	2.12	34.6
B1	1.67	360	200	2.93	—	—
B2	1.66	320	171	2.68	0.74	27.6
B3	1.70	320	95	7.70	0.58	7.53
C1	1.29	220	114	5.53	2.23	40.3
C2	1.19	180	62	7.07	—	—
C3	1.24	240	110	11.55	—	—

由浅层平板载荷试验结果还可发现珊瑚砂地基的如下特点。

（1）人工填筑地基内颗粒级配较好，经过压实后密实度也较高，其天然干密度为1.66~1.70 g/cm^3；礁坪相地基天然干密度为1.39~1.56 g/cm^3；沙坝处地基内礁块含量最少，天然干密度最小，为1.19~1.29 g/cm^3。

（2）珊瑚砂地基的沉降量很小。浅层平板载荷试验数据表明加载值最大（即720 kPa）时对应的地基沉降量为11.55 mm，该值远小于同等条件下陆源石英砂地基的沉降量，且该结果与珊瑚砂室内平板载荷模型试验结果也是一致的。

（3）荷载作用下珊瑚砂地基的沉降变形以塑性变形为主，卸荷回弹变形较小。

图5.5所示为典型珊瑚砂地基的 *Q-S-t* 曲线。图5.5中的结果表明珊瑚砂地基在荷载作用下的沉降稳定是瞬时完成的；因此，珊瑚砂地基的浅层平板载荷试验可采用快速加载法，如此可极大地提高现场工作效率。

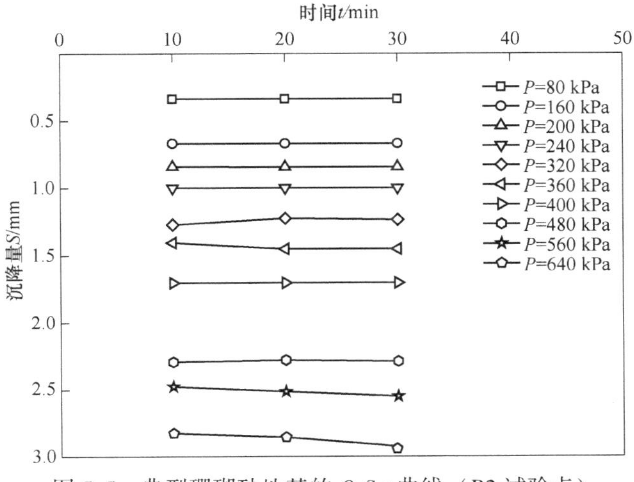

图5.5　典型珊瑚砂地基的 *Q-S-t* 曲线（B2试验点）

5.2　深层螺旋板试验

5.2.1　试验方案

浅层平板载荷试验可测试地基表层土体的承载能力和变形模量，而深层螺旋板载荷试验可测试任意深度土体的承载特性。为研究深层珊瑚砂地基的承载特性并揭示珊瑚砂地基承载特性随深度的演化规律，对珊瑚砂地基开展了一系列的深层螺旋板载荷试验。深层螺旋板载荷试验需在钻孔内进行，且在礁坪相等含有大量礁块的地基中实施深层螺旋板载荷试验的难度大；因此，仅针对沙坝处珊瑚砂地基开展深层螺旋板载荷试验，共计实施了 3 个钻孔共计 13 个点位的深层螺旋板载荷试验，具体试验方案见表 5.3。

表 5.3　深层螺旋板载荷试验方案

孔号	试验深度/m
孔 1	0.5，1.5，2.5，3.5，4.5
孔 2	0.5，1.5，2.5
孔 3	0.5，1.5，2.5，3.5，4.5

5.2.2　试验设备和方法

试验采用中国南光地质仪器厂生产的 WDL 型螺旋板载荷试验仪。螺旋板的板头直径为 113 mm，截面积为 100 cm^2，螺距为 25 mm；采用千斤顶加载，且千斤顶的最大加载能力 50 kN；螺旋板探头加载量程为 1500 kPa；传力杆为直径 38 mm 的合金钢厚壁空心管。试验压力采用 DN-1 型数字显示仪读取，测试误差小于 0.5%F. S。试验时先将螺旋形承压板旋入地层的预定深度，再通过千斤顶和传力杆向承压板施加压力，直接测定承压板的沉降量，并计算地基承载力、变形模量等参数。依据《岩土工程勘察规范》（GB 50021—2024）中的相关规定，加载采用分级推持荷载沉降稳定法（或常规慢速法），土层变形模量（E_0）按式（5.3）计算：

$$E_0 = \omega \frac{PD}{S} \tag{5.3}$$

式中　D——螺旋板直径或边长，m；

P——P-S 曲线线性段的压应力，kPa；

S——与 P 相应的沉降，mm；

ω——与螺旋板直径、试验深度和土质类型相关的系数，并依据《岩土工程勘察规范》（GB 50021—2024）取值。

5.2.3 试验结果与分析

图 5.6 所示为累计 3 个钻孔 13 个深度处珊瑚砂地基的 P-S 曲线。从图 5.6 中可看出：不同深度处珊瑚砂地基的 P-S 曲线基本为直线型，难以准确确定其极限承载力和比例极限；因此，统一选取 $S/D=0.02$ 处珊瑚砂地基的承载力作为其承载力特征值。

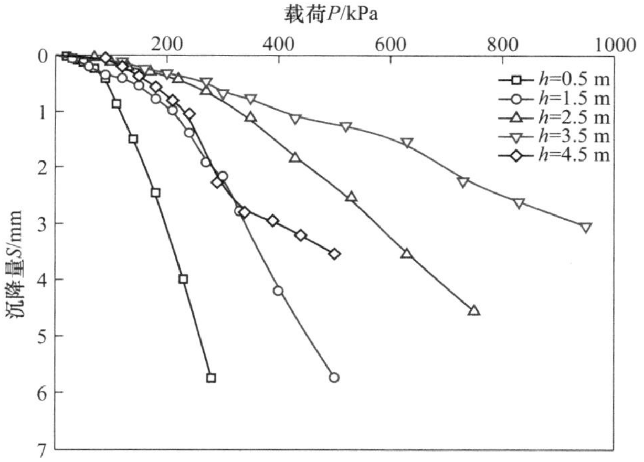

(a)

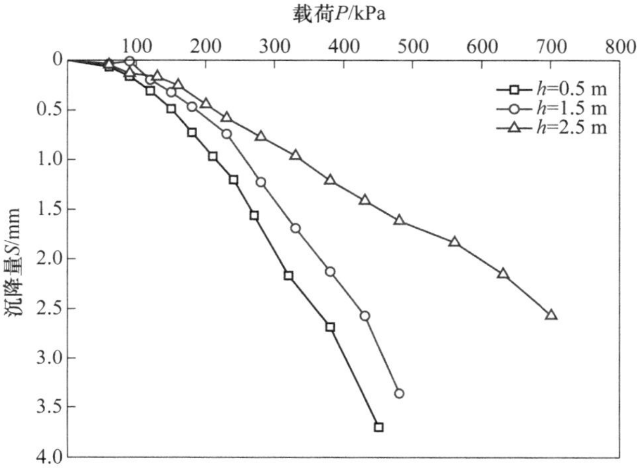

(b)

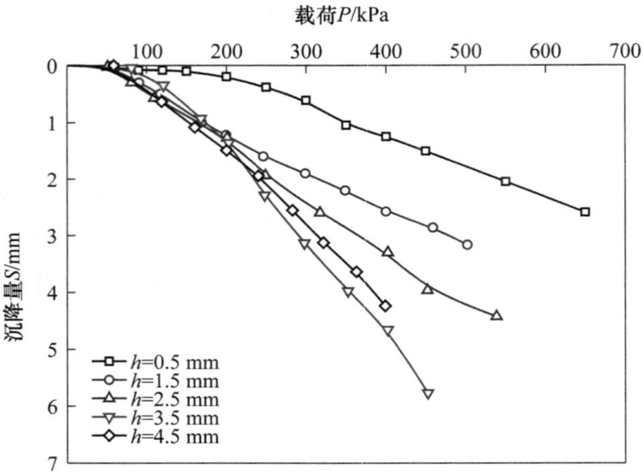

(c)

图 5.6　不同深度处珊瑚砂地基的 P-S 曲线

(a) 孔 1；(b) 孔 2；(c) 孔 3

表 5.4 统计了 3 个钻孔 13 个深度处珊瑚砂地基深层螺旋板载荷试验结果。孔 1 和孔 2 的试验结果表明：珊瑚砂地基承载力特征值和变形模量整体上呈现出随深度增大而增大的变化趋势。孔 1 中深度大于 4.5 m 后珊瑚砂地基承载力减小；现场实测证实场地处的地下水位埋深约为 4.0 m，地下水位对珊瑚砂地基承载力的影响可能是导致这一结果的主要原因。孔 3 表层 0.5 m 处珊瑚砂地基承载力和变形模量与其下伏层相比稍高，是由于表层土体受车辆碾压密实所致；随着深度从 1.5~3.5 m 增大，珊瑚砂地基承载力从 250 kPa 逐渐增大到 350 kPa；在深度 4.5 m 处降低至 260 kPa，也同样系地下水位影响所致。

表 5.4　深层螺旋板载荷试验结果

试验编号	试验深度/m	承载力特征值/kPa	变形模量 E_0/MPa
孔 1-1 号	0.5	180	4.0
孔 1-2 号	1.5	300	6.9
孔 1-3 号	2.5	500	11.5
孔 1-4 号	3.5	730	15.9
孔 1-5 号	4.5	290	11.3
孔 2-1 号	0.5	320	8.0
孔 2-2 号	1.5	380	8.9
孔 2-3 号	2.5	650	15.1
孔 3-1 号	0.5	350	18.2
孔 3-2 号	1.5	250	5.5
孔 3-3 号	2.5	300	5.9
孔 3-4 号	3.5	350	7.8
孔 3-5 号	4.5	260	5.4

5.3　地基回弹模量试验

在珊瑚礁岛上，珊瑚砂是填筑路基的理想材料，而地基回弹模量是路基设计的重要参数。因此，确定人工填筑路基的回弹模量是否满足设计要求至关重要。本次试验以人工填筑珊瑚砂地基为研究对象，选取两个试验点（D、E）开展地基回弹模量试验。同时，采用大尺寸试坑上覆水法测试珊瑚砂地基的天然干密度和含水量，据此确定路基压实度。

表5.5中统计了人工填筑珊瑚砂地基回弹模量试验结果；图5.7所示为典型珊瑚砂地基的沉降曲线和回弹曲线。表5.5和图5.7中的结果表明：随荷载的增加珊瑚砂地基沉降变形中的塑性变形比例逐渐增大。基于对压实度和回弹模量的分析，发现当压实度达到87%以上时，珊瑚砂地基的回弹模量可达到428～730 MPa，且回弹模量随压实度的增高基本呈现出增长趋势。

表5.5　回弹模量试验结果

试验编号	最大干密度/($g \cdot cm^{-3}$)	天然干密度/($g \cdot cm^{-3}$)	压实度/%	回弹模量/MPa
D1	1.90	1.81	95	472
D2	1.90	1.79	94	475
D3	1.90	1.78	94	579
E1	2.03	1.77	87	428
E2	2.03	1.88	93	730
E3	2.03	1.83	90	517

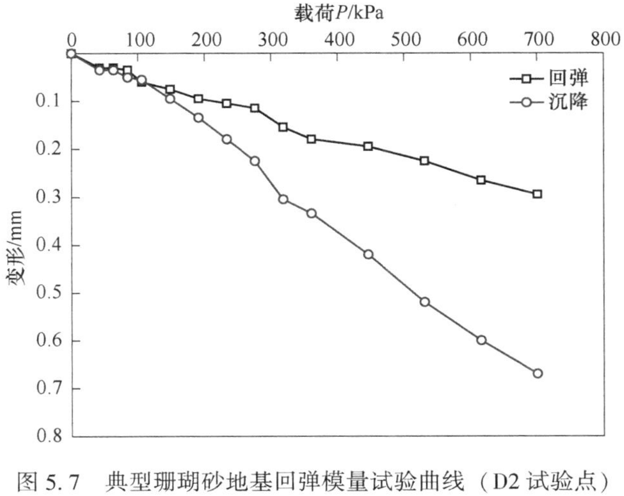

图5.7　典型珊瑚砂地基回弹模量试验曲线（D2试验点）

6 珊瑚砂承载特性室内平板载荷试验

鉴于人类陆域生存空间的缩减，大量吹填造岛工程在热带海洋中的兴起，且已有多种类型建筑物（如住宅、机场跑道、海事灯塔等）在珊瑚岛礁上得以兴建。考虑到海上台风、地震等地质灾害因素的影响，岛礁建筑物的建筑高度普遍较低，使得浅基础这种基础形式在岛礁建筑工程中具有广阔应用前景。由于在人工吹填珊瑚砂地基上采用浅基础进行大规模工程建设在工程史上较为罕见，无足够实例和设计资料可供借鉴，工程师们在具体设计时常以陆源石英砂地基浅基础设计的相关经验作为参考。但珊瑚砂特殊的海洋生物成因，致使其具有颗粒形状不规则、多内孔隙、单颗粒强度低、易破碎并常伴有胶结等显著区别于陆源石英砂的特殊性质；若盲目套用陆源石英砂地基浅基础设计的相关参数，必然会造成设计缺陷或资源浪费。前人也研究了珊瑚砂地基浅基础的承载特性及长期稳定性问题，但不同学者针对不同区域内珊瑚砂地基承载特性的研究甚至得出完全相反的结论。因此，研究南海珊瑚砂地基的承载特性不仅有助于岛礁吹填建设，同时也对土力学及基础工程学科的发展具有重要指导意义。

室内平板载荷模型试验（或室内浅基础缩尺模型试验）是开展地基浅基础承载特性研究的重要手段，且研究成果丰富，便于开展珊瑚砂地基和陆源土地基研究结果的对比分析。因此，本章通过对珊瑚砂地基浅基础开展一系列的室内平板载荷模型试验，系统研究了密实度、级配和干湿条件对珊瑚砂地基浅基础承载特性和变形能力的影响，揭示了珊瑚砂地基浅基础工程特性随基础尺寸、形状的演化规律，提出了珊瑚砂地基浅基础设计的基本框架。

6.1 试验简介

6.1.1 试验材料

试验材料为取自某吹填岛礁的珊瑚砂，且取样点位于吹填口下游的地表浅层。为探讨颗粒级配对珊瑚砂地基室内浅基础缩尺模型试验结果的影响，笔者在同一区域内不同取样点处采集两种级配不同的珊瑚砂，并按照《土工试验方法标准》（GB/T 50123—2019）的相关规定，获取其颗粒粒径分布曲线，如图 6.1 所示。两种试样分别为珊瑚细砂和珊瑚中砂；珊瑚细砂级配曲线较陡，粒径分布相对集中，其中粒径 0.1~0.25 mm 细颗粒的质量约占试样总质量的 57.3%，为级配不良的珊瑚砂；珊瑚中砂粒径分布范围相对较广，但级配曲线平滑度较差，颗粒粒径分布不连续，同样属于级配不良的珊瑚砂。

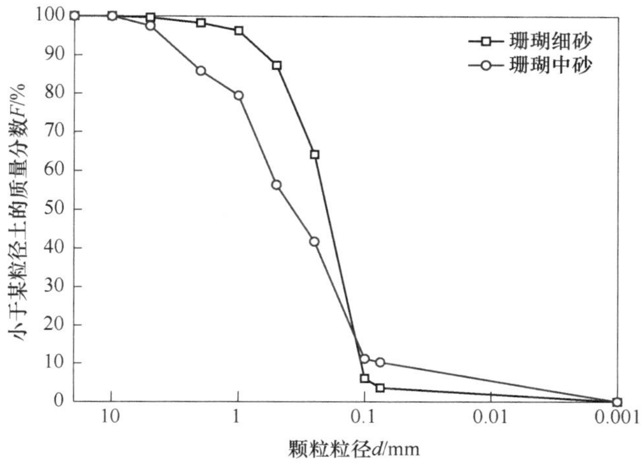

图 6.1 两种珊瑚砂样的颗粒粒径分布曲线

表 6.1 展示了两种珊瑚砂样的物性参数。

表 6.1 两种珊瑚砂样的物性指标

试样名称	d_{10}/mm	d_{30}/mm	d_{60}/mm	C_u	C_c	比重 Gs	最小干密度 ρ_{dmin} /(g · cm^{-3})	最大干密度 ρ_{dmax} /(g · cm^{-3})
珊瑚细砂	0.11	0.16	0.24	2.17	0.99	2.78	1.21	1.56
珊瑚中砂	0.07	0.19	0.58	7.95	0.88	2.78	1.30	1.84

从表 6.1 中可看出以下几点。

（1）两种珊瑚砂样的比重一致。这是因为珊瑚砂大多为造礁石珊瑚群体死亡后的生物碎屑，所含矿物成分与其所处的海洋环境密切相关；两种珊瑚砂样虽然颗粒级配存在差异，但均取自同一岛礁吹填区域，所处的海洋环境差别不大，所含矿物成分也近乎一致，因此具有相同比重。

（2）珊瑚细砂的最小干密度和最大干密度均小于珊瑚中砂，这与第 2 章中单一粒径珊瑚砂最大、最小干密度随粒径的变化趋势不同。这是因为本章中所用珊瑚砂并非单一粒径，不能盲目套用第 2 章中的结论；另外，由前述可知珊瑚中砂的级配较珊瑚细砂更好，故在同种测试方法下珊瑚中砂所能达到的最大、最小干密度也较珊瑚细砂更大。

6.1.2 试验方案

室内浅基础缩尺模型试验结果的影响因素众多。本章针对珊瑚砂地基承载能力和变形特性的研究工作，主要考虑了级配、密实度、干湿条件、载荷板形状和尺寸等因素对室内浅基础缩尺模型试验结果的影响，具体试验方案见表 6.2。

表 6.2　室内浅基础缩尺模型试验方案

试验编号	试样名称	载荷板尺寸/mm×mm	干湿条件	相对密度 D_r/%
1	珊瑚细砂	130×130	干燥	69
2	珊瑚细砂	130×130	干燥	55
3	珊瑚细砂	130×130	干燥	42
4	珊瑚细砂	130×130	饱和	69
5	珊瑚中砂	130×130	干燥	69
6	珊瑚中砂	130×130	干燥	55
7	珊瑚中砂	130×130	干燥	42
8	珊瑚中砂	130×130	饱和	69
9	珊瑚细砂	300×300	干燥	69
10	珊瑚细砂	450×450	干燥	69
11	珊瑚细砂	D300	干燥	69

注：D300 表征圆形载荷板的直径为 300 mm。

6.1.3　试验设备

珊瑚砂地基室内浅基础缩尺模型试验装置请扫描二维码查看。该装置由模型箱、反力架、载荷板、静力加载系统和土压力测试系统等组成。模型箱由壁厚 10 mm 的钢板焊接而成，整体呈方形，内轮廓尺寸为 900 mm×900 mm×1000 mm（长×宽×高）。反力架由底梁、侧柱和顶梁三部分组成。模型箱放置在两混凝土墩上，两混凝土墩的高度与反力架底梁高度相同，且其间距大于底梁宽度；反力架底梁穿过模型箱底部，且关于模型箱对称放置；为增强试验装置的整体性，反力架底梁与模型箱底部相接触的部位焊接固定；反力架侧柱与底梁、顶梁之间通过螺栓连接，且侧柱顶部螺纹应有足够长度，便于顶梁高度的调整。载荷板为厚度 20 mm 的钢板，形状有圆形和方形两种；方形载荷板的特征尺寸分为 130 mm、300 mm 和 450 mm（见图 6.2（a））三种；为便于在不同浅基础形状下对比分析珊瑚砂地基的承载能力和变形特性，圆形载荷板的特征尺寸设为 300 mm，如图 6.2（b）所示。

珊瑚砂地基室内浅基础缩尺模型试验装置

6.1.3.1　静力加载系统

静力加载系统主要由千斤顶、油泵和油管、静载荷测试仪三部分组成，其中静载荷测试仪由油压传感器、位移传感器、数控盒和主机组成，如图 6.3 所示。

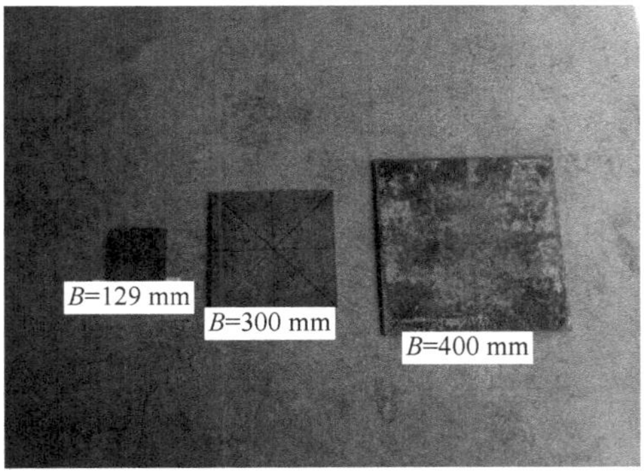

(a)

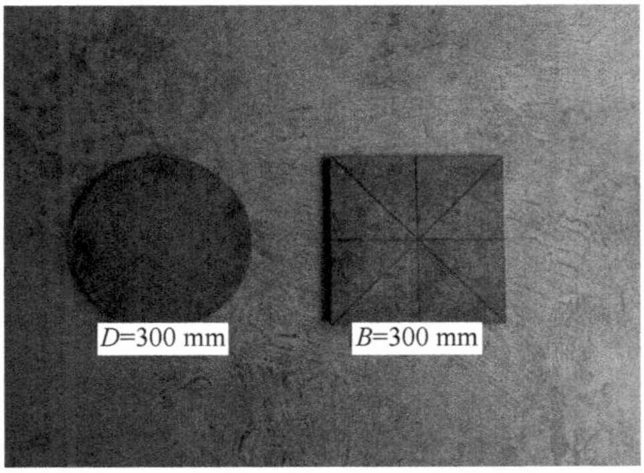

(b)

图 6.2 载荷板

（a）不同特征尺寸的载荷板；（b）不同形状的载荷板

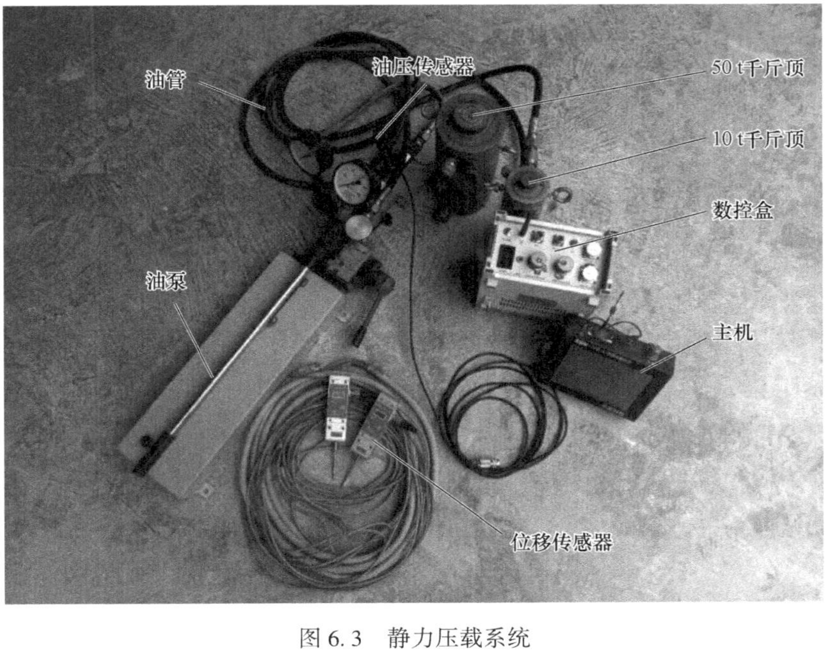

图 6.3 静力压载系统

本次试验用千斤顶为液压式千斤顶，按额定起重量分为 10 t 和 50 t 两种。油泵上设置有加载、停止、卸载三级开关，可进行卸载稳压操作。油管分进油管和出油管两种，其两端分别与油泵和千斤顶相连，且长度均为 3 m。静载荷测试仪选用中岩科技有限责任公司生产的 RSM-JCⅢ（A）型静载荷测试仪，该仪器采用人工智能技术，功能多样且设置简单，适用于地基静载荷、桩基载荷、锚杆拉拔等各类载荷模型试验和工程现场检测；主要包括数控盒和主机两个外围部件，以及油压传感器和位移传感器两种监测设备。位移传感器为 FP-50 型容栅式位移传感器，其表面的液晶数显读数直观准确，温漂小，分辨率高，量程为 0～100 mm，测试精度为 0.01 mm。油压传感器采用武汉环宇高科测控有限公司生产的 HY6100 型压力变送器，该油压传感器安装在油泵出油口处，量程为 0～70 MPa，精度等级为 0.5%FS。位移传感器和油压传感器均可通过数据引线与数控盒相连。数控盒是传感器与主机之间联系的桥梁，具有数据采集与传送功能，其后部设置多个航空接头可分别与油压传感器和位移传感器相连，另外通过无线电波与主机连通。主机是静载荷测试仪中的关键组件，可通过主机设置载荷试验的压载模式、每级荷载的加载量、稳压时间和数据采集间隔等关键参数；数据在试验过程中自动保存，且在主机侧边设有 USB 接口，试验结束后可通过 U 盘拷贝试验数据进行后续处理分析。值得注意的是，为保证试验数据的准确性，整套静力压载系统在使用前已经过国家计量检测单位的严格标定。

6.1.3.2　土压力测试系统

土压力测试系统由土压力计、数据采集器和微机处理系统三部分组成，土压力测试系统请扫描二维码查看。土压力计选用日本共和株式会社东京测器研究所生产的 KDC-200 kPa 型振弦式土压力计；该土压力计精度高，受温度、湿度的影响小，稳定性好；外壳直径 100 mm，感应区域直径 92 mm，厚度 20.5 mm，量程为 0～200 kPa，测试精度达 0.1 kPa，可满足本次试验对测试精度的需要。数据采集仪选用美国坎贝尔公司生产的 CR1000 型数据记录仪，其数据存储量大，通道多，并可兼容通道扩展外设；CR1000 型数据记录仪与微机处理系统配合使用，可通过 CRBasic 编程语句灵活设置采样间隔和数据类型，并可保证监测数据的实时记录和有效保存。

土压力测试系统

6.1.4　试验方法

整个试验过程主要分为试验前准备、装样和压载三个阶段，详细步骤如下。

（1）首先，选取空旷的场地摊开、晒干试样；在装样前测试试样的含水量；并依据试样物性参数（见表 6.1）、密实度（见表 6.1）和含水量计算分层装样时每层珊瑚砂样的质量。

（2）在模型箱内壁沿竖向每隔 100 mm 刻画标记线（见图 6.4）；为使每次装样时标记线的位置保持不变且清晰、易于辨识，采用白色油漆进行相应刻度线的标记。

（3）将连有数据采集器的 9 个土压力计按照从底至顶的顺序依次粘贴于模型

箱的内壁，保证每 100 mm 的土层厚度内设置一个土压力计，并在正式装样前通过微机处理系统将土压力计的初始读数置零。

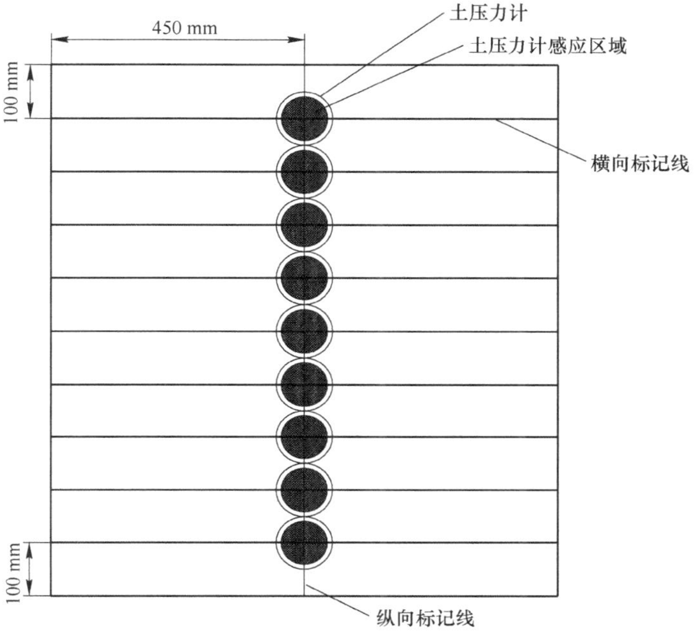

(a)

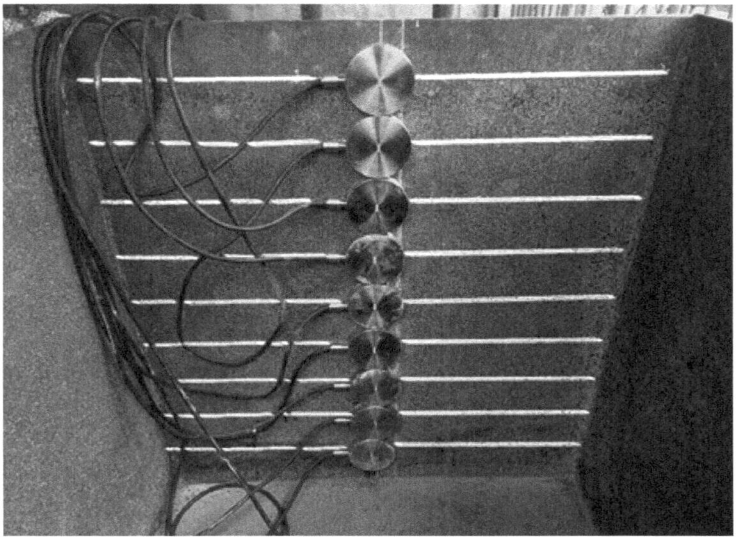

(b)

图 6.4 土压力计粘贴位置图

(a) 示意图；(b) 实物图

（4）采用分层装填方式装样，每层厚度 100 mm，共计 9 层。试样的称量使用精度 10 g 的台秤，确保每 100 mm 内珊瑚砂样质量与试验方案一致。为保证试样密实度的整体均匀性，制备高密实度珊瑚砂样时，采用平板夯击法使每层珊瑚砂样的顶面与模型箱内壁上的刻度线对齐；制备低密实度珊瑚砂样时，仅需使用沙面抚平器将每层珊瑚砂样的顶面抹平，并与模型箱内壁上的刻度线处于同一水平面即可。

（5）装样结束后使用卷尺确定模型箱内珊瑚砂样表面的中心位置，并使载荷板中心与珊瑚砂样中心位置在竖直方向上重合，借助水准尺找平载荷板。

（6）待静力压载系统的各个部件依次组装完毕后，将连有油压管的千斤顶放置在载荷板中心位置处，并使用油泵将千斤顶的顶杆顶起至与反力架顶梁底部相接触。值得注意的是，千斤顶的选用依据载荷板的尺寸和对试样承载能力的合理预测；当使用特征尺寸 130 mm 的载荷板时，选用额定起重量 10 t 的千斤顶；当载荷板的特征尺寸大于 130 mm 时，选用额定起重量 50 t 的千斤顶。

（7）在载荷板两侧与反力架相垂直的位置处架设横梁作为基准梁，将位移传感器的磁力底座固定在两基准梁上。

（8）装样完成以后，整个试样需静置一昼夜，待载荷板在千斤顶自重作用下固结稳定后再开始加载。值得注意的是，当对饱和试样进行加载时，应在所有准备工作就绪以后向模型箱内注水至刚好淹没试样表面，且同样需要静置一昼夜后再进行加载。

由第 5 章中针对珊瑚砂地基开展原位平板载荷试验的结果可知，珊瑚砂地基在荷载作用下的变形稳定是在短时间内完成的，故本次室内平板载荷模型试验采用快速压载法，每级荷载的稳压时间定为 2 h。分级加载量的大小根据试样的密实程度和载荷板的尺寸确定，试样被剪破或变形量达到极限时终止试验。承载力特征值的确定采用以下标准：

（1）当 P-S 曲线上存在明显的比例界限荷载时，取比例界限荷载为承载力特征值；

（2）当 P-S 曲线中比例界限荷载大于极限荷载的一半时，取极限荷载的一半为承载力特征值；

（3）当 P-S 曲线的比例界限荷载不明显时，承载力特征值取 $S/B = 0.01 \sim 0.015$ 处对应的荷载值。此外，依据《建筑地基基础设计规范》（GB 50007—2011）中的相关规定，浅基础沉降量的最大值不得超过 25 mm。因此，当载荷试验的沉降量达到 25 mm 且仍未出现明显的破坏征兆时，取沉降量 25 mm 处对应的荷载为极限荷载。

6.2 试验结果与分析

6.2.1 密实度的影响

密实度是无黏性土地基承载能力和变形特性的重要影响因素。关于无黏性土密实度的描述方法有多种，如孔隙比、干密度、压实度、相对密度等，其中相对密度定义为：

$$D_r = \frac{e_{max} - e_0}{e_{max} - e_{min}} \tag{6.1}$$

式中 e_{max}，e_{min}，e_0——无黏性土的最大孔隙比、最小孔隙比和天然孔隙比。

相对密实度同时考虑了颗粒级配与孔隙比的影响，用于描述无黏性土密实度更为恰当。本章在同等条件下对相对密度分别为69%、55%和42%的珊瑚细砂开展了室内平板载荷模型试验，其中相对密度69%时珊瑚细砂地基处于密实状态，相对密度55%和42%时珊瑚细砂地基处于中密状态，试验结果如图6.5所示。

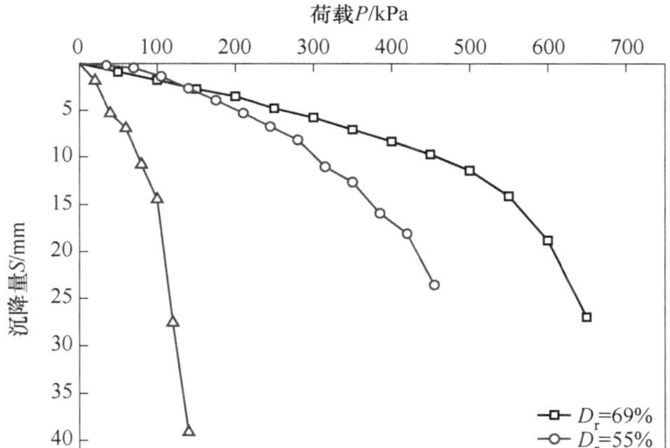

图6.5 不同相对密度珊瑚细砂地基室内平板载荷模型试验的 P-S 曲线

从图6.5可看出以下几点。

（1）珊瑚细砂地基的承载力随相对密度的增大而增大，总的沉降量和沉降速率随相对密度的增大而减小。

（2）不同相对密度珊瑚细砂地基在静荷载作用下的变形破坏模式存在显著区别。其中相对密度69%的密实型珊瑚细砂地基剪切破坏模式为整体剪切破坏，其 P-S 曲线存在明显的线性变形阶段、塑性剪切阶段和破坏阶段；相对密度55%的珊瑚细砂地基 P-S 曲线呈现出局部剪切破坏的特点，其 P-S 曲线没有明显的拐点；相对密度 42%的珊瑚细砂地基处于中密型与疏松型地基分界线附近，虽属中密范畴，但其 *P-S* 曲线呈现出冲剪破坏的特点，地基在荷载作用下的沉降不断加剧，直至剪切破坏。可见，对干燥状态下的珊瑚细砂地基，其破坏形式主要表现为整体剪切破坏和冲剪破坏，与局部剪切破坏形式相对应的密实度范围较窄。

6.2.2　级配的影响

级配是表征无黏性土物理特性的重要参数，且其对珊瑚砂的力学特性存在重要影响。原位勘察结果表明，岛礁吹填地基内珊瑚砂的级配分布范围较宽，颗粒粒径分布极不均匀；粗粒土集中在离吹填口较近的区域，细粒土多在离吹填口较远的下游淤积。为研究颗粒级配对珊瑚砂地基浅基础承载能力和变形特性的影响，本章对相对密度分别为 69%、55%和 42%的珊瑚细砂和珊瑚中砂开展了一系列的室内平板载荷模型试验，结果如图 6.6 所示。

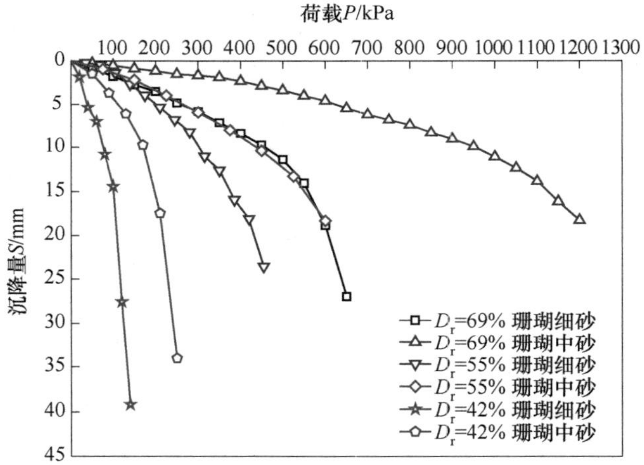

图 6.6　珊瑚细砂和珊瑚中砂地基室内平板载荷模型试验的 *P-S* 曲线

从图 6.6 中可看出：级配对珊瑚砂地基浅基础的承载能力和变形特性存在显著影响；在同等密实度和干湿条件下，珊瑚中砂地基承载能力普遍大于珊瑚细砂，同等应力条件下的变形量也较小。这可从以下两个方面得到解释。

（1）从表 6.1 中可看出虽然两种试样均为级配不良的珊瑚砂，但珊瑚中砂较珊瑚细砂级配良好。两者的曲率系数（C_c）相差不大，不均匀系数（C_u）却存在显著差异；珊瑚细砂的不均匀系数 $C_u<5$，颗粒粒径均匀，且多分布在 0.1～0.25 mm；而珊瑚中砂的不均匀系数 $C_u>5$，颗粒粒径分布范围广，级配相对较好，在同等条件下的力学性质更好。

（2）两种珊瑚砂均取自同一岛礁的相邻区域，且比重相同，可排除矿物成分对试验结果的影响。珊瑚中砂的最大、最小干密度（或孔隙比）均大于（或小于）珊瑚细砂，且干密度（或孔隙比）的分布范围更广，导致两种不同级配珊瑚砂虽然相对密度（D_r）相同，但实际干密度（或孔隙比）相差较大；以相对密度 $D_r=69\%$时为例，珊瑚中砂的干密度（或孔隙比）可达 1.63 g/cm^3（或 0.71），而珊瑚细砂的干密度（或孔隙比）为 1.43 g/cm^3（或 0.94）；同等条件下珊瑚中砂的干密度较珊瑚细砂大，因此珊瑚中砂地基承载能力也较大。

6.2.3 含水量的影响

考虑到试验操作的便利性，室内平板载荷模型试验通常以干燥样为研究对象，例如本章中风干珊瑚砂样的含水量仅为 0.68%。然而，在海洋环境中（尤其是在海水涨落潮作用下），礁盘上部的珊瑚砂地基长期位于海平面以下，处于饱和状态。由于岛礁现场试验条件恶劣，很难对不同沉积环境下的珊瑚砂地基开展大规模的原位平板载荷试验研究。因此，通过室内平板载荷模型试验开展含水量对珊瑚砂地基承载能力和变形特性影响的研究就具有重要的理论意义和实践价值。本章分别以相对密度 $D_r=69\%$的珊瑚细砂和珊瑚中砂为研究对象，采用特征尺寸为 130 mm×130 mm（长×宽）的方形载荷板，揭示了含水量对其承载能力和变形特性的影响，结果如图 6.7 所示。

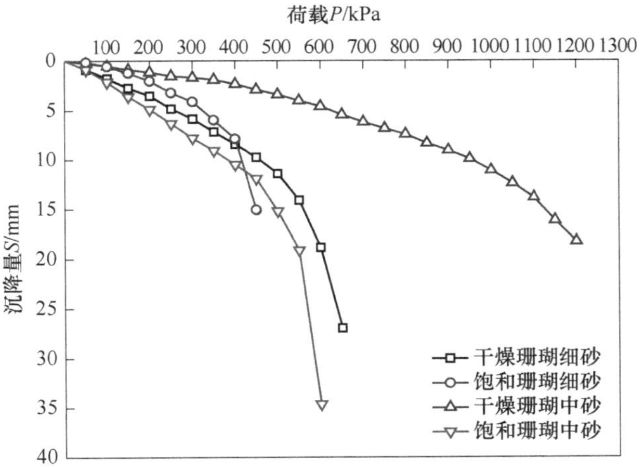

图 6.7 不同含水量下珊瑚砂地基室内平板载荷模型试验的 P-S 曲线

从图 6.7 中可看出以下几点。

（1）同等相对密度下，饱和珊瑚细砂地基承载力较干燥珊瑚细砂地基小，约为干燥珊瑚细砂地基承载力的 61.5%。当对饱和珊瑚细砂地基加载至 450 kPa 时，载荷板沉降量骤然增加直至失稳；载荷板在 450 kPa 基底附加应力下的沉降量约为 400 kPa 下沉降量的 3.8 倍。失稳时载荷板深陷土中，周围土体隆起并开裂，表现出局部剪切破坏的特征，总变形量达 15.09 mm。对干燥珊瑚细砂地基加载至550 kPa 时才出现失稳征兆，极限荷载达650 kPa，总沉降量为26.98 mm。

（2）干燥珊瑚中砂地基的初始变形量较小，且在整个加载过程中载荷板沉降持续稳定发展；当对干燥珊瑚中砂地基加载至 1200 kPa 时仍未出现明显破坏，其最终沉降量达 18.25 mm。相反，饱和珊瑚中砂地基的初始变形量较大，地基承载力相对较低；当对饱和珊瑚中砂地基加载至 500 kPa 时累计沉降量达到 15.20 mm，且在 500 kPa 基底附加应力作用下饱和珊瑚中砂地基的沉降量是上一级荷载作用下沉降量的 2.3 倍，总沉降量为 19.10 mm。由此可知，同等相对密度下，干燥珊瑚中砂地基承载力较饱和珊瑚中砂地基大得多，甚至超过其 2.0 倍。

（3）与珊瑚中砂地基不同，饱和珊瑚细砂地基的初始沉降量较干燥珊瑚细砂地基小；在两种珊瑚砂地基加载过程中水的作用不同可能是导致这种差异的主要原因。由于珊瑚细砂的颗粒粒径较小，饱和状态下水分将松散珊瑚细砂颗粒黏附在一起，形成具有一定强度和刚度的弱胶结体。加载前期，由千斤顶提供的剪切力不仅需克服颗粒间相对滑动所引起的剪切阻力，还需破坏由颗粒间胶结作用所引起的胶结力；因此，达到相同沉降量时，饱和珊瑚细砂地基所需的外荷载较干燥珊瑚细砂地基大；当加载过程进行到一定阶段，颗粒间的胶结已被剪切力全部破坏，此时水分对粒间相对滑动起润滑作用，极大削弱了珊瑚细砂地基的承载能力，在 *P-S* 曲线上表现为地基沉降量随荷载增大急剧增长的特征。相反，珊瑚中砂的颗粒粒径较大，饱和状态下粒间胶结作用并不明显，且水分的增加减小了粒间相对滑动时的剪切阻力；因此，达到相同沉降量时对饱和珊瑚中砂地基所施加的荷载较干燥珊瑚中砂地基小。

6.2.4 载荷板形状的影响

载荷板形状是室内平板载荷模型试验结果的重要影响因素。1920 年 Prandtl 在引入地基土滑动破裂面的基础上，最先提出了针对条形基础的地基极限承载力计算公式。后续学者如 Terzaghi、Meyerhof、Hansen、Vesic 等大多在 Prandtl 假设基础上，对公式的适用性进行扩展，并通过对条形基础下地基承载力公式进行修正的方式，提出了适用于方形和圆形基础的地基承载力公式。近年来，关于载荷板形状对地基承载力的影响受到广大学者的关注，研究工作主要通过理论推导的方式开展。如李伟等、王哲等、聂勇、朱小军和熊巨华推导了方形基础地基极限承载力的理论解；李亮和杨小礼、周中等、张国祥和付江山推导了圆形基础地基极限承载力的理论解；蒋益平和熊巨华在理论分析的基础上，对方形基础和圆形基础的地基极限承载力经验公式、理论解和静载荷试验结果进行了对比分析。在室内试验方面，王新志等使用等面积的圆形载荷板和方形载荷板对珊瑚砂地基开展了室内平板载荷模型试验研究，结果表明圆形载荷板下地基承载力较方形载荷板小，且沉降量大；李洋洋等使用直径 100 mm 的圆形载荷板和边长 100 mm 的方形载荷板分别对相对密度44%、58%和70%的珊瑚中砂地基开展了室内平板载荷模型试验研究，结果表明使用方形载荷板时的地基承载力和变形模量均大于圆形载荷板，变形量也较小。

本章对相对密度69%的干燥珊瑚细砂地基，分别使用直径300 mm的圆形载荷板和边长300 mm的方形载荷板开展室内平板载荷模型试验研究，如图6.8所示。从图6.8中可看出：载荷板形状对珊瑚细砂地基承载能力和变形特性存在较大影响。同等级配、干湿条件和密实度下，使用方形载荷板时的珊瑚细砂地基沉降量较圆形载荷板小，承载力更大；这与王新志等、李洋洋等的研究结论相符。由于加载设备能力有限，珊瑚细砂地基未完全达到剪切破坏；当荷载达到1000 kPa时，基础沉降仍持续发展，变形仍能保持稳定。使用方形载荷板时的珊瑚细砂地基承载力显著大于圆形载荷板；如使用方形载荷板时与25 mm沉降量相应的承载力可达到1000 kPa以上，而使用圆形载荷板时与25 mm沉降量相应的承载力仅为700 kPa，即使用方形载荷板时获取的珊瑚细砂地基极限承载力约为使用圆形载荷板时的1.4倍。地基极限承载力（P_u）计算公式（6.2）也考虑了基础类型的影响：

$$P_u = cN_c + qN_q + 0.5\gamma bN_\gamma \tag{6.2}$$

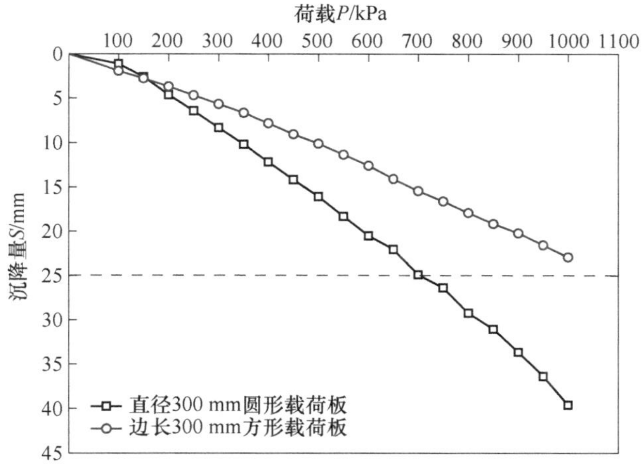

图6.8 不同载荷板形状下珊瑚细砂地基室内平板载荷模型试验的P-S曲线

该公式最早由Prandtl（1920）提出，后来Reissner在考虑基础埋深（$d \neq 0$）的情况下对该公式进行了修正；然而，Prandtl-Reissner公式仍只包含式（6.2）中的前两部分，即由地基土的黏聚力所产生的地基承载力分量和基础埋深所产生的地基承载力分量；直至Terzaghi在引入地基土重度的基础上提出了地基承载力的第三个分量，才形成了沿用至今的地基承载力计算公式（6.2）；后续的理论公式或经验公式多是在式（6.2）框架基础上的修改或调整。式中c为地基土的黏聚力；N_c 为与黏聚力相应的地基承载力系数；在经典土力学中普遍认为无黏性土的黏聚力很小，故可将 cN_c 的计算结果等效为 0。q 为在地基剪切带范围内由基础埋深所引起的上覆土应力，也称基础旁侧荷载，一般用基底以上土的重度（γ）乘以基底深度（d）计算；N_q 为与基础旁侧荷载相应的地基承载力系数；本章在进行室内平板载荷模型试验中载荷板位于地基表面，基底埋深为 0，故 qN_q 的计算结果也为 0。综上所述，当载荷板位于地基表面时无黏性土地基的极限承载力（P_u）仅包含由基底土重度（γ'）所引起的地基承载力分量；因此，式（6.2）可简化为式（6.3）：

$$P_u = 0.5\gamma b N_\gamma \tag{6.3}$$

该公式仅适用于条形基础。早期的学者通过对条形基础尺寸（b）和地基土的黏聚力（c）进行修正，提出了适用于圆形基础和方形基础的地基承载力公式；如采用 Terzaghi 基础形状修正系数对式（6.3）进行修正后，即可得圆形基础和方形基础的地基承载力公式分别为：

圆形基础
$$P_u = 0.3\gamma b N_\gamma \tag{6.4}$$

方形基础
$$P_u = 0.4\gamma b N_\gamma \tag{6.5}$$

由式（6.4）和式（6.5）可看出：同等条件下圆形基础的地基极限承载力显著小于方形基础，与本章试验结果相吻合。

6.2.5　载荷板尺寸的影响

相关研究结果表明，在平板载荷模型试验的诸多影响因素中，载荷板尺寸对试验结果的影响最大。为此，国内外学者对载荷板的尺寸效应开展了大量研究工作。1941 年，Golder 使用不同尺寸的载荷板对砂土地基开展了一系列的平板载荷模型试验，发现地基承载力并不会随载荷板尺寸的增大而线性增大，且地基承载力系数 N_r 随载荷板尺寸的增大而减小。De Beer 于 1963 年开展了载荷板尺寸与砂土地基沉降量间关系的研究，结果表明载荷板尺寸的变化对地基沉降量存在显著影响，并首次将载荷板尺寸对静载试验结果的影响称为基础尺寸效应。随后不断有学者针对基础尺寸效应对地基承载力和基础沉降量的影响开展研究工作，并试图对基础尺寸效应产生的原因进行解释。如关于基础尺寸效应对地基承载力的影响，部分学者通过地基承载力试验值与理论值的对比得出基础尺寸效应示意图，如图 6.9 所示。从图 6.9 中可看出：由于基础尺寸效应的存在，地基承载力试验值与理论值并不完全重合，且地基承载力试验值与基础尺寸间存在非线性关系；当基础宽度超过某一界限宽度 B_0 时，基础尺寸效应可忽略不计。但对界限尺寸 B_0，学者们并未达成共识；如 Yamaguchi、Kimura 和 Fujii 认为当载荷板的尺寸大于 90 cm 时，地基承载力与基础宽度间呈线性关系；而 Pu 和 Ko、濮家骝和高汉榢却认为这一界限宽度可取 120 cm。

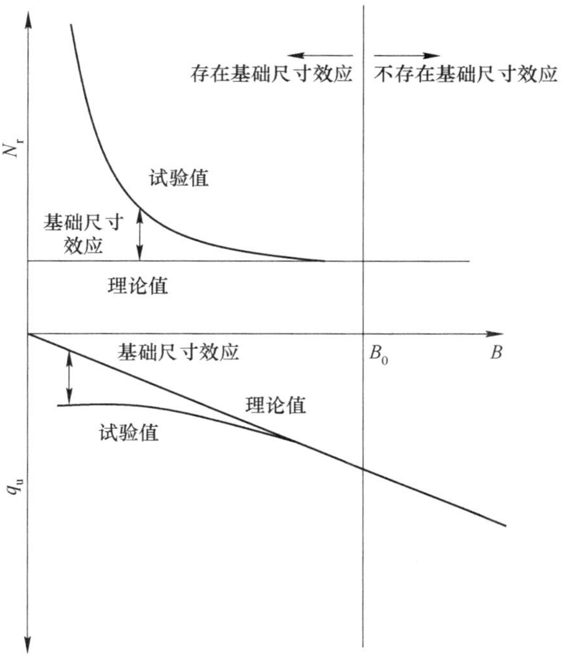

图 6.9 地基承载力与基础宽度关系曲线

关于基础尺寸效应对地基沉降的影响，多数学者认为地基沉降量与基础尺寸间存在非线性关系，只是对沉降量随基础尺寸增长的变化趋势存在不同意见。部分学者认为基础沉降量随载荷板尺寸的增大而增大，另有部分学者通过平板载荷试验得出了基础沉降量随载荷板尺寸增大而减小的结论。王钟琦和樊颂华早在1982 年便对基础尺寸效应对地基沉降量的影响做了较为全面的论述，如图 6.10 所示。他们认为存在某一临界宽度，当基础宽度小于临界宽度时，地基沉降量随基础宽度的增大而减小；当基础宽度超过临界宽度时，地基沉降量随基础宽度的增大而增大；且地基沉降量与基础宽度之比始终随着基础宽度的增大而减小。

多数学者认为压载过程中地基土的内摩擦角随应力水平的增加而减小，这是导致基础尺寸效应的主要原因；为此，De Beer、Hettler 和 Gudehus、Kutter 等、Kusakabe 等、Maeda 和 Miura 对地基土的内摩擦角（φ）进行了修正。而 Muhs、Yamaguchi 等和 Kobayashi 则认为荷载作用下地基土的渐进破坏导致基础尺寸效应的产生。Steenfelt、Tatsuoka 等和杨俊杰等得出粒径效应也会引发基础尺寸效应的结论。Kusakabe 等和柳飞分别研究了载荷板形状对基础尺寸效应的影响，认为圆形基础的尺寸效应较矩形、条形基础更为显著。

综上所述，众多学者已从不同角度对基础尺寸效应开展研究大量研究工作，

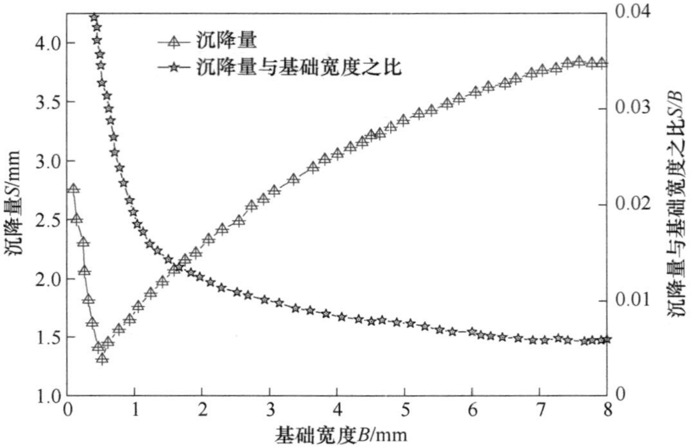

图 6.10　地基沉降量与基础宽度关系曲线

并取得丰富研究成果。然而，由于地基土类型、载荷板尺寸和形状、试验方法的不同，关于基础尺寸效应的研究结论并不完全一致；且关于珊瑚砂地基的基础尺寸效应鲜有报道。因此，本章以相对密度 69%的干燥珊瑚细砂地基为研究对象，使用尺寸 130 mm×130 mm（长×宽）的小型载荷板、300 mm×300 mm（长×宽）的中型载荷板以及 450 mm×450 mm（长×宽）的大型载荷板分别开展室内平板载荷模型试验研究，结果如图 6.11 所示。

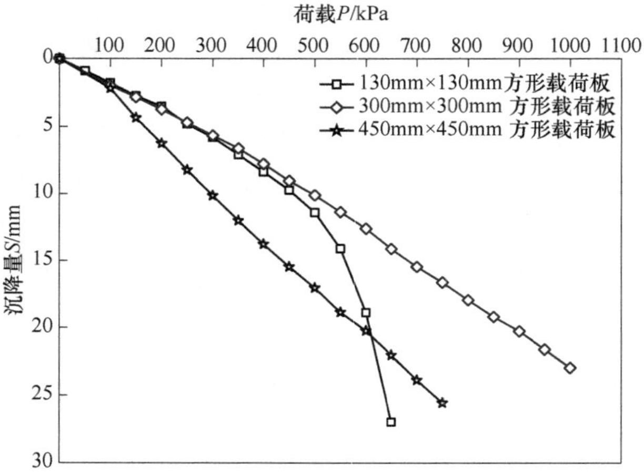

图 6.11　不同载荷板尺寸下珊瑚细砂地基室内平板载荷模型试验的 P-S 曲线

图 6.11 彩图

从图 6.11 中可看出：载荷板尺寸对珊瑚细砂地基的承载能力和变形特性存

在显著影响。

（1）当基底附加应力较低（小于 300 kPa）时，使用边长 130 mm 和 300 mm 的载荷板测得珊瑚细砂地基的刚度差异较小；当基底附加应力大于 300 kPa 时，小型载荷板下珊瑚细砂地基的刚度大于中型载荷板，且两种载荷板下珊瑚细砂地基沉降量差值随荷载的增大而逐渐增大，发展至最后珊瑚细砂地基的剪切破坏模式也存在明显差异。

（2）与小型载荷板对应的极限荷载较中型载荷板小得多；如当使用小型载荷板加载时，加载量达到 500 kPa 时珊瑚细砂地基已经出现失稳征兆，变形量和变形速率急剧增大，且当加载至 650 kPa 时发生破坏；当使用中型载荷板加载时，珊瑚细砂地基在达到 25 mm 左右的极限沉降量时，加载量已达到 1000 kPa，但地基土仍处于线弹性变形阶段（即珊瑚砂地基仍具有足够的承载能力）。

（3）当分别使用边长 450 mm 的大型载荷板与边长 300 mm 的中型载荷板加载时，珊瑚细砂地基的破坏模式相同；且至沉降量达到 25 mm 左右的极限值时，珊瑚细砂地基未发生明显的塑性破坏。

（4）同等荷载下，使用大型载荷板时珊瑚细砂的沉降量较使用小型、中型载荷板时大得多，这与王新志等的研究结论相吻合。由于加载能力有限，使用中型、大型载荷板时基础沉降量虽然达到 25 mm，但珊瑚细砂地基承载力并未达到极限；因此，很难对使用中型、大型载荷板时珊瑚细砂地基的极限荷载进行比较。另外，从地基沉降的角度看，随载荷板边长（130 mm、300 mm 和 450 mm）的增加，同等荷载下对应的基础沉降量先减小后增大（见图 6.12）；由此可得出珊瑚细砂地基的基础临界宽度约为 300 mm 的结论。

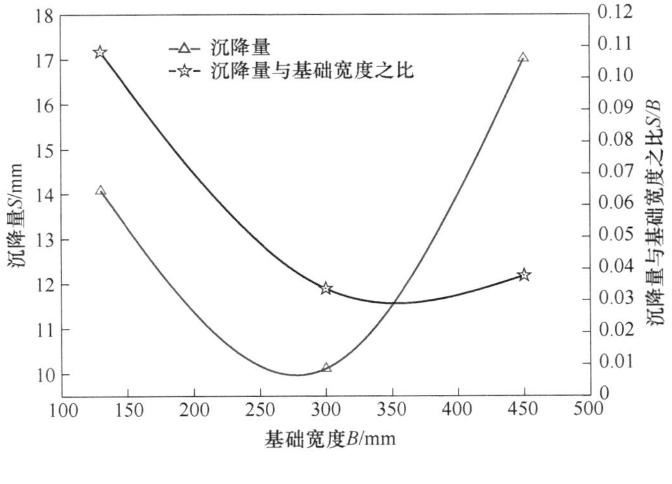

图 6.12 500 kPa 下珊瑚细砂地基沉降量与基础宽度关系曲线

6.2.6　变形模量估算

工程实践中常使用压缩系数（a_v）、压缩模量（E_s）、压缩指数（C_c）和变形模量（E_0）等指标定量评估地基土的压缩性，其中压缩系数（a_v）、压缩模量（E_s）和压缩指数（C_c）可由室内固结试验测得。由于室内固结试验是在完全限制试样侧向变形条件下开展的，不能反映地基土的侧向移动或三相应力状态对其沉降的影响，也未考虑地基土的非线性变形。因此，使用基于室内固结试验获取的表征土体压缩特性的指标计算地基土的沉降量与实际值相差较大。相反，变形模量（E_0）可由原位平板载荷试验或室内平板载荷模型试验测得；由于其能较准确反应地基土在天然状态下的压缩特性，故本章选取变形模量（E_0）对上述试验条件下珊瑚砂地基的压缩特性进行统计分析。依据《建筑地基基础设计规范》（GB 50007—2011）中的相关规定，变形模量（E_0）可由式（6.6）计算：

$$E_0 = I_u(1 - \mu^2)\frac{Pd}{S} \tag{6.6}$$

其中，I_u 为与载荷板形状相关的沉降影响系数；对方形载荷板 I_u 取 0.88，对圆形载荷板 I_u 取 0.79。μ 为珊瑚砂的泊松比，且砂土泊松比的取值范围一般为 0.2~0.25；为便于试验结果的对比分析，本章中用于变形模量（E_0）计算的泊松比（μ）统一取 0.25。d 为载荷板的特征尺寸——方形载荷板的边长或圆形载荷板的直径，单位为 mm。P 为地基土的比例界限荷载或临塑荷载，对应载荷试验 P-S 曲线图中线性段末端处的地基应力；若 P-S 曲线图中无明显线性段时，可取 $S/B = 0.01 \sim 0.015$ 处对应的地基应力。S 为与载荷 P 相应的地基沉降量。综合上述 P-S 曲线图和式（6.6）对珊瑚砂地基的变形模量进行估算，结果统计见表 6.3。

表 6.3　变形模量估算结果统计表

试验编号	试样名称	载荷板尺寸/mm×mm	干湿条件	相对密度 D_r/%	变形模量 E_0/MPa
1	珊瑚细砂	130×130	干燥	69	6.15
2	珊瑚细砂	130×130	干燥	55	5.64
3	珊瑚细砂	130×130	干燥	42	1.17
4	珊瑚细砂	130×130	饱和	69	10.57
5	珊瑚中砂	130×130	干燥	69	17.52
6	珊瑚中砂	130×130	干燥	55	7.35
7	珊瑚中砂	130×130	干燥	42	2.63
8	珊瑚中砂	130×130	饱和	69	2.84
9	珊瑚细砂	300×300	干燥	69	10.80
10	珊瑚细砂	450×450	干燥	69	10.90
11	珊瑚细砂	D300	干燥	69	5.62

注：D300 表征圆形载荷板的直径为 300 mm。

为研究相对密度和颗粒级配对珊瑚砂地基变形模量（E_0）的影响，将表 6.3 中不同相对密度珊瑚细砂与珊瑚中砂地基的变形模量（E_0）绘于图 6.13 中。从图 6.13 中可看出以下几点。

（1）珊瑚砂地基的变形模量（E_0）随相对密度（D_r）的增大而增大；在实际工程中可通过增加密实度的方法提高珊瑚砂地基的承载能力和变形模量，从而减小基础沉降。

（2）两种珊瑚砂地基的变形模量（E_0）随相对密度（D_r）的增大而增长的趋势不同。相对密度（D_r）从 42%提高到 55%时，珊瑚细砂的变形模量（E_0）从 1.17 MPa 提高到 5.64 MPa，约增长了 3.82 倍；相对密度（D_r）从 55%提高至 69%时，珊瑚细砂的变形模量（E_0）变化较小，表明相对密度 55%的珊瑚细砂地基已具有相当大的刚度，继续提高其密实度对变形模量的增长作用不大。而珊瑚中砂的变形模量（E_0）随相对密度（D_r）的增大近似线性增长；当相对密度（D_r）从 42%提高到 55%时，珊瑚中砂的变形模量（E_0）从 2.63 MPa 提高到 7.35 MPa，约增长了 1.79 倍；相对密度（D_r）从 55%提高到 69%时，珊瑚中砂的变形模量（E_0）从 7.35 MPa 增大到 17.52 MPa，约增长了 1.38 倍；表明相对密度 55%的珊瑚中砂地基的变形模量仍具有相当大的增长空间，此时提高其密实度可使变形模量得到持续增长。

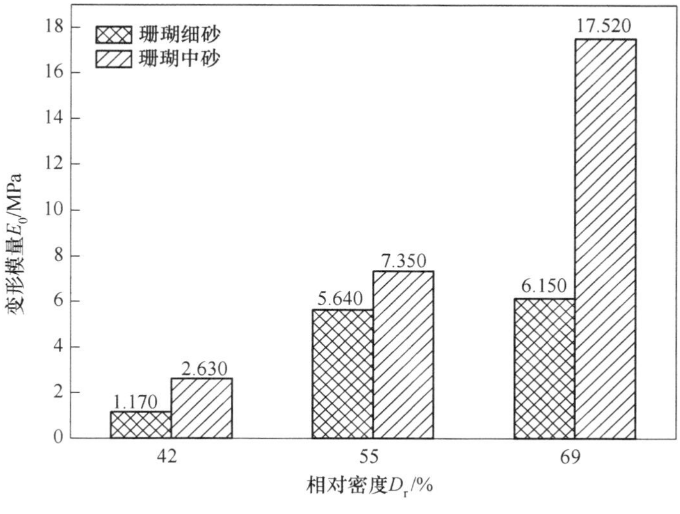

图 6.13 不同相对密度珊瑚细砂、中砂地基变形模量对比图

图 6.14 所示为不同含水量珊瑚细砂、中砂地基变形模量对比图。从图 6.14 中可看出：含水量对珊瑚细砂、中砂地基变形模量的影响不同。珊瑚细砂在饱和状态下的变形模量（E_0）为 10.57 MPa，大于干燥状态下的变形模量 6.15 MPa；

而珊瑚中砂干燥状态下的变形模量（17.52 MPa）却远较其饱和状态下的变形模量（2.84 MPa）大。这是因为珊瑚细砂颗粒粒径较小，饱和状态下粒间孔隙水将这些细小颗粒吸附胶结成具有一定刚度的弱胶结体，其产生单位沉降时需同时克服颗粒间的弱胶结作用和相互移动时的剪切阻力；因此，饱和珊瑚细砂的变形模量较干燥珊瑚细砂大。相反，珊瑚中砂颗粒粒径较大，饱和状态下粒间孔隙水对颗粒的吸附作用较小，且孔隙水削弱了粒间相对运动时的剪切阻力，导致饱和珊瑚中砂的变形模量较干燥珊瑚中砂小。另外，水对珊瑚细砂和珊瑚中砂的作用持续时间不同；同等密实度下，珊瑚中砂的渗透系数明显大于珊瑚细砂，使得珊瑚中砂的持水能力差，加载过程中孔隙水易从颗粒间溢出，进一步消减了胶结作用对珊瑚中砂地基压缩模量的贡献。

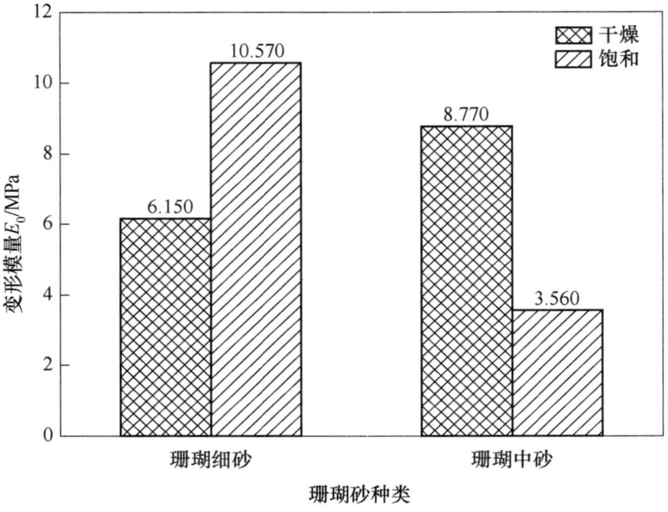

图 6.14　不同干湿条件下珊瑚细砂、中砂地基变形模量对比图

图 6.15（a）所示为珊瑚细砂地基变形模量随方形载荷板特征尺寸的变化。从图 6.15（a）中可看出：随方形载荷板特征尺寸从 120 mm 依次增长到 300 mm、450 mm，珊瑚细砂地基的变形模量先急剧增长后近乎不变，且在方形载荷板边长约为 300 mm 时达到最大值，这与前述分析中基础临界尺寸约为 300 mm 的结论相吻合。虽然边长 450 mm 方形载荷板的特征尺寸较边长 300 mm 方形载荷板大，但从图 6.11 中可看出与边长 450 mm 方形载荷板相应的 *P-S* 曲线位于边长 300 mm 方形载荷板所对应 *P-S* 曲线的下方，*P/S* 值较小；在这两方面因素综合作用下由式（6.6）计算所得的变形模量（E_0）相差并不大。

图 6.15（b）所示为特征尺寸同为 300 mm 的圆形载荷板和方形载荷板所对应的变形模量对比图。从图 6.15（b）中可看出：同等特征尺寸下，使用方形载

荷板时珊瑚细砂地基的变形模量明显较使用圆形载荷板时大；这一结果可从图 6.8 中与两种不同形状载荷板所对应的 *P-S* 曲线中得到解释。当两种载荷板的特征尺寸（*B*）相同时，与圆形载荷板相应的 *P-S* 曲线位于与方形载荷板相应的 *P-S* 曲线下方，*P/S* 值较小，依据式（6.6）计算所得的变形模量（E_0）也较小。

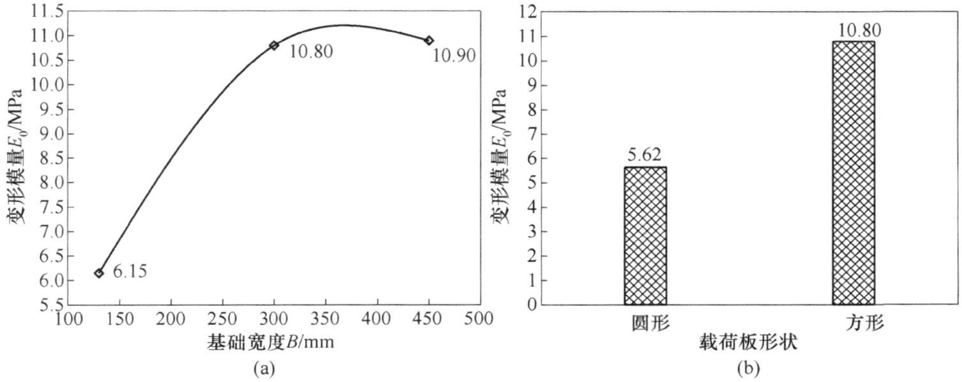

图 6.15 使用不同类型载荷板时珊瑚细砂地基的变形模量对比图

（a）载荷板尺寸；（b）载荷板形状

6.3 应力扩散角

当使用载荷板模拟浅基础且对其施加法向荷载时，其下部地基土会在一定范围内发生剪切破坏；通常使用应力扩散角（θ）衡量地基土受力破坏的范围。应力扩散角定义为地基土中的应力扩散边界线与竖直方向的夹角。前人已从不同角度出发对地基土内的应力扩散角开展了大量研究工作，如黄仙枝等以太原某地地基处理项目为工程背景，对软弱土层上覆土工带加筋碎石垫层组成的复合地基开展了原位平板载荷试验研究，探讨了复合地基的承载能力和变形特性，并着重分析了不同加筋方式对地基土中应力扩散角的影响，得出地基土在加筋增强后其应力扩散角大于 20°的结论。左广洲和刘毓氚等借助数值模拟法揭示了筋材间距、首间距和长度对加筋垫层应力扩散角的影响，并通过基底附加应力反推出加筋垫层的应力扩散角，认为地基加筋后其应力扩散角可达到 45°～60°。郑俊杰等结合《建筑地基基础设计规范》（GB 50007—2002）❶ 中的相关规定，探讨了桩基加固复合地基沉降计算方法，并在考虑地基应力扩散模式的基础上给出了不同桩基加固形式下复合地基应力扩散角取值建议；指出当采用柔性桩基时应力扩散角推荐

❶ 《建筑地基基础设计规范》（GB 50007—2002）已废除，现行标准为《建筑地基基础设计规范》（GB 50007—2011）。

使用规范建议值（不大于 30°），当使用刚性桩基时建议取 $\varphi/4$ 作为应力扩散角。薛涛等结合苏通大桥钢护筒钻孔灌注桩桩底土压力盒的实测数据，对不同施工阶段的群桩基础应力扩散角进行了分析，认为当使用 $\varphi/4$ 作为应力扩散角时，应采用（$1+\eta$）对地基土的内摩擦角进行修正，且 η 的取值建议为 0.4~0.6。王贺等通过室内模型试验分别对返包式和模块面板式土工格栅加筋土挡墙在荷载作用下的承载、变形特性展开研究，结果表明挡墙在加筋后的实测应力扩散角普遍较非加筋条件下大，且返包式土工格栅加筋土挡墙的应力扩散角可达到 50°，模块面板式土工格栅加筋土挡墙应力扩散角为 40°~75°。综上所述，上述学者已对地基土中的应力扩散角开展了大量研究工作，并取得丰富成果。然而，这些学者多以复合地基为研究对象，且使用的地基土为陆源岩土材料，关于珊瑚砂地基在受荷后的应力发展规律研究相对较少；珊瑚砂地基内的应力扩散角是否满足上述规律还有待进一步深入研究。限于文章篇幅，本章仅展示了相对密度 69%干燥珊瑚中砂地基，在使用尺寸 130 mm×130 mm（长×宽）方形载荷板进行室内平板载荷模型试验时，地基土中的侧向应力随基底附加应力和深度的演化规律，并在此基础上得出珊瑚砂地基在荷载作用下的应力扩散角。为规避土压力计对室内平板载荷模型试验结果的影响，同时也为便于土压力计的安装设置，试验中将土压力计编号后依次粘贴在模型箱侧壁上，其位置示意图如图 6.16 所示。

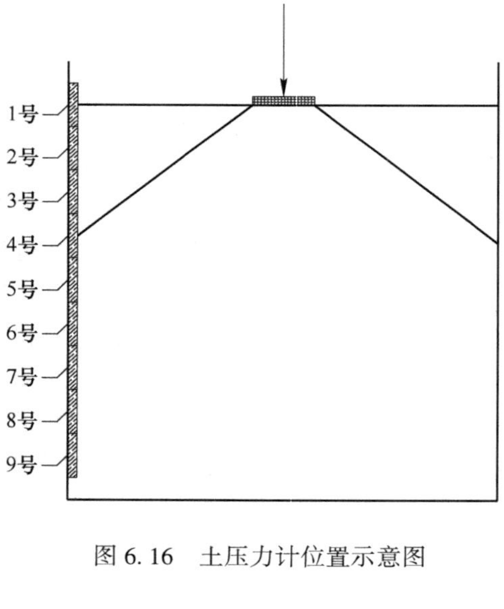

图 6.16　土压力计位置示意图

图 6.17 呈现了基底附加应力从 50 kPa 依次递增到 1200 kPa 过程中，珊瑚中砂地基内不同深度处的侧向应力（1~9 号）变化规律。由图 6.17 可知以下几点。

（1）除个别离散点外，珊瑚中砂地基内不同深度处的侧向应力在整体上呈现出随基底附加应力增大而增大的变化趋势。这是因为基底附加应力的增大引起了地基内竖向应力的增大；在静止侧压力系数变化不大的情况下，侧向应力亦会随基底附加应力的增大而升高。

（2）珊瑚中砂地基内不同深度处侧向应力增长的幅度不同，其中 4 号点处的侧向应力增幅最大，在整个加载过程中从 2.492 kPa 增长至 11.36 kPa，约增长了 356%；1 号点处的侧向应力增幅最小，仅增长了 33.8%。这一结果可从加载过程中地基内的应力扩散范围得到解释。1 号点与载荷板处于同一水平面上，加载过程中扩散到 1 号点处的竖向应力很小；因此，1 号点处侧向应力的增大更多的是由于基础受荷下沉过程中对侧向地基土的挤压力引起的；由于侧向挤压力较小，故 1 号点处侧向应力总的增幅仅有 2.462 kPa。4 号点处于地基内应力扩散的边界线附近；深度超过 4 号点范围内的地基土虽在基底应力扩散范围内，但基底应力随深度的增大而逐渐衰减；因此，4 号点处侧向应力增幅最大。

（3）1~9 号点处的侧向应力数值均较小；这与数据采集方式的设置和地基土的受力模式有关。试验前土压力计的初始读数均设置为 0，因此 1~9 号点处土压力测试值仅包含由基底附加应力引起的侧向应力（或忽略了由地基土自重应力引起的侧向应力）。其次，由于土压力计尺寸较大，为规避其对地基土的加筋作用，将土压力计设置在距载荷板较远的模型箱侧壁上（本试验中土压力计距载荷板的水平距离约为基础尺寸的 2.96 倍），导致土压力计所测的侧向应力较小，但并不影响对侧向应力随基底附加应力和深度演化规律的分析。

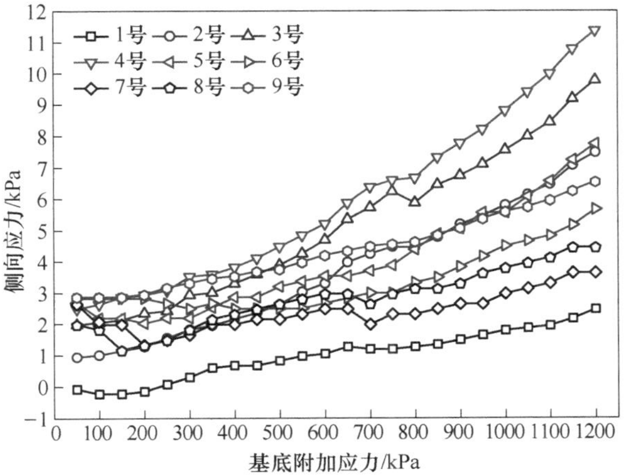

图 6.17　珊瑚中砂地基内侧向应力随基底附加应力的演化规律

图 6.17 彩图

图 6.18 所示为基底附加应力分别为 200 kPa、400 kPa、600 kPa、800 kPa、1000 kPa 和 1200 kPa 时地基内模型箱侧壁处侧向应力随深度的演化规律。从图 6.18 中可看出以下几点。

（1）同等基底附加应力下，珊瑚中砂地基内侧向应力随深度的增大先增加后减小，且基础面以下约 300 mm（对应 4 号土压力计）位置处的侧向应力最大；这与图 6. 17 中的结论相互印证。经换算后得出珊瑚中砂地基内的应力扩散角约为 52°，大于现行规范中针对普通陆源砂地基给出的应力扩散角；由此可看出珊瑚中砂地基内的应力扩散范围较普通陆源砂更广，这也从应力扩散角的角度验证了同等条件下珊瑚砂地基承载力较陆源石英砂地基承载力大的结论。

（2）在深度大于 600 mm 时，珊瑚中砂地基内的侧向应力又出现了增长趋势；且随基底附加应力的增大，这种增长趋势愈加明显。模型箱底板的边界效应系造成这一结果的主要原因；模型箱底部珊瑚中砂地基竖向变形受限，在荷载作用下其只能向两侧移动，从而导致地基内侧向应力升高，且越接近模型箱底部侧向应力增长幅度越大。

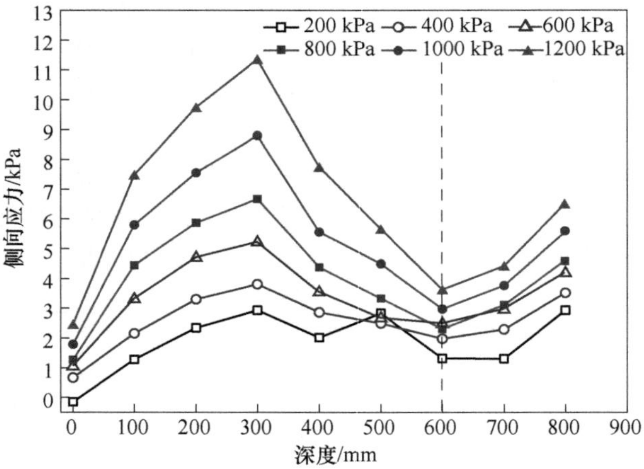

图 6. 18　珊瑚中砂地基内侧向应力随深度的演化规律

6. 4　地基承载力计算

地基承载力理论计算法弥补了平板载荷试验测试法成本高、周期长的缺点，一直是地基浅基础研究方向的热点课题。至今，学者们基于对地基刚度、基础和荷载形式的不同假设，提出了众多用于地基承载力估算的理论或半经验公式；并基于不同理论衍生出众多不同计算方法，如极限分析法、极限平衡法、滑移线法等。这些计算方法得出的计算结果不尽相同，甚至差异很大；建立理论公式时所提出的假设条件与实际情况的偏差是导致计算值与实测值不一致的主要原因。依据对地基刚度的不同假设可将承载力计算方法分为两类，即基于弹塑性假设的承载力计算方法和基于刚塑性假设的承载力计算方法。其中极限平衡法是基于刚塑性假设的承载力计算方法的典型代表，也是目前最常用的一种理论计算方法。该计算方法的前提是假设地基土为刚塑性体，在荷载作用下地基土沿着某一假设滑动面滑动，并不发生过大的塑性变形；求解时将滑动土体分割成若干隔离体，各隔离体在满足边界条件和静力平衡条件基础上，通过解方程组获取地基承载力。Prandtl-Reissner 公式、太沙基公式、汉森公式以及 Vesic 公式（见表 6.4）均是基于地基土的刚塑性假设，且在地基土发生整体剪切破坏条件下通过极限平衡法得出的。

表 6.4 地基承载力理论公式统计表

公式名称	公式形式	参数
Prandtl-Reissner 公式	条形：$P_u=cN_c+qN_q$	$N_q=e^{\pi\tan\varphi}\tan^2\left(\frac{\pi}{4}+\frac{\varphi}{2}\right)$ $N_c=(N_q-1)\cot\varphi$
太沙基公式	条形：$P_u=cN_c+qN_q+\frac{\gamma B}{2}N_\gamma$ 方形：$P_u=1.2cN_c+qN_q+0.4\gamma BN_\gamma$ 圆形：$P_u=1.2cN_c+qN_q+0.6\gamma BN_\gamma$	$N_q=\frac{e^{\left(\frac{3\pi}{2}-\varphi\right)\tan\varphi}}{2\cos^2\left(\frac{\pi}{4}+\frac{\varphi}{2}\right)}$ $N_c=(N_q-1)\cot\varphi$ $N_\gamma=1.8(N_q-1)\tan\varphi$
汉森公式	$P_u=S_cI_cd_ccN_c+S_qI_qd_qqN_q+S_\gamma I_\gamma\frac{\gamma B}{2}N_\gamma$ 基础形状修正系数：条形$S_c=S_q=S_\gamma=1.0$ 矩形（$b<1$）$S_\gamma=1-0.4\frac{b}{l}$ $S_c=S_q=1+0.2\frac{b}{l}$ 基础深度修正系数：$d_c=d_q=1+0.35\frac{d}{b}$	$N_q=e^{\pi\tan\varphi}\tan^2\left(\frac{\pi}{4}+\frac{\varphi}{2}\right)$ $N_c=(N_q-1)\cot\varphi$ $N_\gamma=1.8(N_q-1)\tan\varphi$
Vesic 公式	$P_u=\xi_cI_ccN_c+\xi_qI_qqN_q+\xi_\gamma I_\gamma\frac{\gamma B}{2}N_\gamma$ 条形：$\xi_c=\xi_q=\xi_\gamma=1.0$ 矩形（$b<1$）：$\xi_c=1+\frac{bN_q}{lN_C}$　$\xi_q=1+\frac{b}{l}\tan\varphi$　$\xi_\gamma=1-0.4\frac{b}{l}$ 圆形或方形：$\xi_c=1+\frac{N_q}{N_c}$　$\xi_q=1+\tan\varphi$　$\xi_\gamma=0.6$ 倾斜系数：无倾斜时$I_c=I_q=I_\gamma=1.0$	$N_q=e^{\pi\tan\varphi}\tan^2\left(\frac{\pi}{4}+\frac{\varphi}{2}\right)$ $N_c=(N_q-1)\cot\varphi$ $N_\gamma=2(N_q-1)\tan\varphi$

为验证上述理论公式对珊瑚砂地基的适用性，本章开展了珊瑚砂地基承载力实测值与理论计算值的对比研究。上述理论公式均是在地基土发生整体剪切破坏的前提下提出的，而局部剪切破坏和冲剪破坏条件下地基承载力的估算需在上述公式中添加相应的修正系数；由于这种修正计算方法误差较大，故本章仅对前述

室内平板载荷模型试验中发生整体剪切破坏的珊瑚细砂地基承载力进行了估算。当使用尺寸 130 mm×130 mm（长×宽）的方形载荷板模拟浅基础，相对密度 69. 3%的干燥珊瑚细砂地基在荷载作用下发生整体剪切破坏，相应的 *P-S* 曲线上存在明显的拐点，地基极限承载力为 600 kPa。前文针对该种珊瑚细砂开展了室内三轴固结排水剪切试验，测得其抗剪强度指标为其似黏聚力 58. 1 kPa、内摩擦角 44. 4°。表 6. 5 展示了使用表 6. 4 中的计算公式获取的珊瑚细砂地基承载力计算值。值得注意的是，由于 Prandtl-Reissner 公式仅适用于条形基础，故表 6. 5 中仅列出了使用太沙基公式、汉森公式和 Vesic 公式的计算结果。

表 6. 5　基于极限平衡法的地基承载力计算值与实测值汇总表

公式名称	N_c	N_q	N_γ	计算值（$c\neq0$）/kPa	计算值（$c=0$）/kPa	实测值/kPa
太沙基公式	167. 23	169. 75	293. 01	12048. 59	213. 74	600
汉森公式	122. 70	124. 28	214. 52	8782. 01	117. 37	
Vesic 公式	122. 70	124. 28	238. 36	14479. 91	130. 41	

从表 6. 5 中的结果可看出以下几点。

（1）由于珊瑚砂颗粒棱角度高，致使其在粒间咬合作用下具有较大的似黏聚力和较高的内摩擦角；在承载力计算时如何考虑似黏聚力对地基强度的贡献是岩土工程界的难题之一。在考虑似黏聚力情况下，珊瑚砂地基承载力计算值远大于其实测值，计算结果明显失真。出于安全考虑，建议珊瑚砂地基承载力计算时不应考虑似黏聚力的贡献。

（2）若忽视似黏聚力对地基强度的贡献，必然导致珊瑚砂地基承载力计算值偏低；实测值为计算值的 3~5 倍。

基于地基土弹塑性假设的承载力计算方法又称弹塑性法。弹塑性法是在弹性理论基础上，通过假设塑性区的最大开展范围求解地基承载力的近似解法。推导过程通常以均布荷载作用下的条形基础为例；鉴于本章中室内平板载荷模型试验所用的载荷板位于地基表面，故下面推导过程中条形基础的埋深设为零。地基土中任一点受力示意图如图 6. 19 所示。

图 6. 19 所示为地基内距基底 Z_m 深度处任意一点 *M* 在基底附加应力作用下的主应力示意图。由于基础埋深为 0，故基底附加应力 *P* 可等效为基础所承受的均布荷载。点 *M* 与基础两边缘连线间的夹角设为 β_0，则 β_0 等于 $\beta_2-\beta_1$；其中 β_1、β_2 分别为点 *M* 至基础两边缘连线与竖直方向的夹角。β_0 的角平分线与竖直方向的夹角为 ε。依据弹性力学相关理论可知，点 *M* 处由基底附加应力引起的大小主应力分别为：

$$\sigma_1' = \frac{P}{\pi}(\beta_0 + \sin\beta_0) \tag{6.7}$$

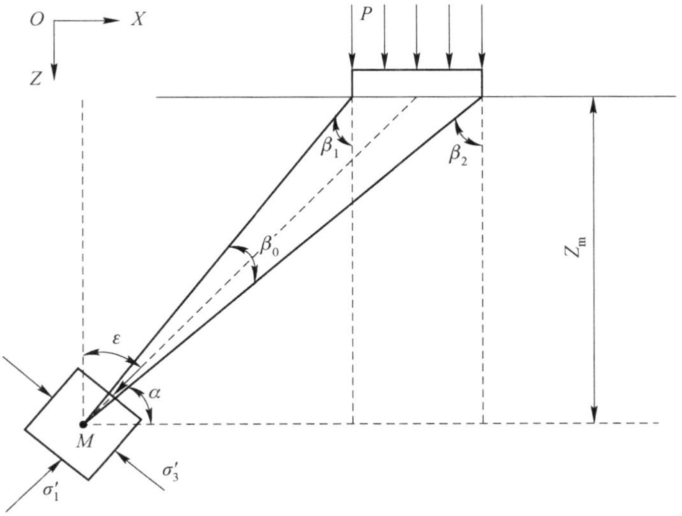

图 6.19 地基内任一点处的受力示意图

$$\sigma_3' = \frac{P}{\pi}(\beta_0 - \sin\beta_0) \tag{6.8}$$

大主应力 σ_1' 的方向与 β_0 角平分线方向一致，且与水平方向的夹角为 α；小主应力 σ_3' 的方向与 β_0 角平分线方向垂直。

点 M 处的总应力应为基底附加应力在 M 点处产生的大小主应力与自重应力的矢量和。由于 M 点处自重应力 $\sigma_0 = \gamma Z$，其方向竖直向下，与大小主应力的方向并不一致；因此，计算总应力时不能直接叠加。假设地基土各向同性，静止侧压力系数 k_0 为 1.0，则点 M 处的总应力可用式（6.9）和式（6.10）表示：

$$\sigma_1 = \sigma_1' + \sigma_0 = \frac{P}{\pi}(\beta_0 + \sin\beta_0) + \gamma Z \tag{6.9}$$

$$\sigma_3 = \sigma_3' + \sigma_0 = \frac{P}{\pi}(\beta_0 - \sin\beta_0) + \gamma Z \tag{6.10}$$

依据摩尔库伦强度理论，极限平衡状态下地基土内大小主应力应满足式（6.11）中的数量关系：

$$\sigma_1 - \sigma_3 = (\sigma_1 + \sigma_3)\sin\varphi + 2c\cos\varphi \tag{6.11}$$

式中 c，φ——地基土的黏聚力和内摩擦角。

将式（6.9）和式（6.10）分别代入式（6.11）中可得地基土塑性开展区发展深度的解析表达式见式（6.12）：

$$Z = \frac{P}{\pi\gamma}\left(\frac{\sin\beta_0}{\sin\varphi} - \beta_0\right) - \frac{C}{\gamma}\cot\varphi \tag{6.12}$$

式（6.12）将塑性区的开展深度 Z 表示成 β_0 的一元函数；对 β_0 求导数，并将其导数值设为 0，得 $\beta_0=\frac{\pi}{2}-\varphi$；将 $\beta_0=\frac{\pi}{2}-\varphi$ 代入式（6.12）中可得塑性区最大开展深度（Z_{max}）的表达式：

$$Z_{max}=\frac{P}{\pi\gamma}\left(\cot\varphi-\frac{\pi}{2}+\varphi\right)-\frac{C}{\gamma}\cot\varphi \tag{6.13}$$

从式（6.13）中可看出塑性区的最大开展深度（Z_{max}）仅与外部荷载（P）和地基土的物理力学参数（γ、c、φ）相关。当地基土中塑性开展区的最大深度（Z_{max}）取 0（即地基土不发生破坏）时，可得地基比例界限荷载 P_{cr} 的表达式：

$$P_{cr}=\frac{c\pi\cot\varphi}{\cot\varphi-\frac{\pi}{2}+\varphi}=cN_c \tag{6.14}$$

其中，$N_c=\frac{\pi\cot\varphi}{\cot\varphi-\frac{\pi}{2}+\varphi}$。

当地基土中塑性开展区的最大深度（Z_{max}）取 $b/3$ 时，可得临塑荷载（$P_{1/3}$）的表达式为：

$$P_{1/3}=\frac{c\pi\cot\varphi}{\cot\varphi-\frac{\pi}{2}+\varphi}+\frac{(\gamma b\pi)/3}{\cot\varphi-\frac{\pi}{2}+\varphi}=cN_c+\frac{\gamma b}{2}N_{1/3} \tag{6.15}$$

其中，$N_c=\frac{\pi\cot\varphi}{\cot\varphi-\frac{\pi}{2}+\varphi}$，$N_{1/3}=\frac{2\pi}{3\left(\cot\varphi-\frac{\pi}{2}+\varphi\right)}$。

当地基土中塑性开展区的最大深度（Z_{max}）取 $b/4$ 时，可得临塑荷载（$P_{1/4}$）的表达式为：

$$P_{1/4}=\frac{c\pi\cot\varphi}{\cot\varphi-\frac{\pi}{2}+\varphi}+\frac{(\gamma b\pi)/4}{\cot\varphi-\frac{\pi}{2}+\varphi}=cN_c+\frac{\gamma b}{2}N_{1/4} \tag{6.16}$$

其中，$N_c=\frac{\pi\cot\varphi}{\cot\varphi-\frac{\pi}{2}+\varphi}$，$N_{1/4}=\frac{\pi}{2\left(\cot\varphi-\frac{\pi}{2}+\varphi\right)}$。

上述为当基础埋深 $d=0$ 时，由弹塑性法推导地基承载力的整个过程。我国《建筑地基基础设计规范》（GB 50007—2011）正是采用弹塑性理论并进行一定修正来计算地基承载力的。为验证弹塑性法对珊瑚砂地基承载力计算的适用性，将前述珊瑚细砂地基的抗剪强度参数分别代入式（6.14）~式（6.16）中，计算结果见表 6.6。

表 6.6 基于弹塑性法的珊瑚砂地基承载力计算值与实测值汇总表

项目	N_c	N_q	N_γ	计算值 ($c\neq0$)/kPa	计算值 ($c=0$)/kPa	P_{cr} 实测值/kPa	P_u 实测值/kPa
比例界限荷载 P_{cr}	14.24	0	0	827.31	0	450	600
临塑荷载 $P_{1/3}$	14.24	0	9.30	835.79	8.48		
临塑荷载 $P_{1/4}$	14.24	0	6.97	833.67	6.36		

由表 6.6 可知以下几点。

(1) 使用弹塑性法计算珊瑚细砂地基的比例界限荷载（P_{cr}）较实测值偏大，约为实测值的 1.8 倍；珊瑚细砂过大的似黏聚力可能是导致这一结果的主要原因。

(2) 珊瑚细砂地基承载力极限荷载（P_u）的实测值小于通过弹塑性法计算出的临塑荷载 $P_{1/3}$ 和 $P_{1/4}$。在室内平板载荷模型试验过程中，珊瑚细砂地基在达到极限荷载（P_u）时的基础沉降为 18.84 mm，仅约基础尺寸的 0.14 倍，较临塑荷载 $P_{1/3}$、$P_{1/4}$ 小。相较于基于极限平衡法获取的珊瑚细砂地基承载力，基于弹塑性法的珊瑚细砂地基承载力计算值与实测值间的差异较小；建议使用弹塑性法并取临塑荷载 $P_{1/4}$ 除以 1.4 倍的安全系数作为珊瑚细砂地基极限承载力特征值。

由第 3 章中的研究结果可知，珊瑚砂的静止侧压力系数（k_0）远小于 1.0；因此，上述珊瑚砂地基承载力理论计算值偏大，有必要在考虑静止侧压力系数影响下，对前述地基承载力计算公式进行改进。依据弹性力学相关理论可知，地基内 M 点处由基底附加应力引起的大小主应力（σ_1'、σ_3'）在 XOZ 坐标系中可以表示为：

$$\sigma_X' = \frac{P}{\pi}[\beta_0 - \sin\beta_0\cos(\beta_0 + 2\varepsilon)] \tag{6.17}$$

$$\sigma_Z' = \frac{P}{\pi}[\beta_0 + \sin\beta_0\cos(\beta_0 + 2\varepsilon)] \tag{6.18}$$

$$\tau_{XZ}' = \frac{P}{\pi}\sin\beta_0\sin(\beta_0 + 2\varepsilon) \tag{6.19}$$

当地基土的静止侧压力系数为 k_0 且基础埋深为 0 时，自重应力在 XOZ 坐标系中可表示为：

$$\sigma_{X0} = k_0 rZ \tag{6.20}$$

$$\sigma_{Z0} = rZ \tag{6.21}$$

故点 M 处的总应力可表示为：

$$\sigma_X = \sigma_X' + \sigma_{X0} = \frac{P}{\pi}[\beta_0 - \sin\beta_0\cos(\beta_0 + 2\varepsilon)] + k_0 rZ \tag{6.22}$$

$$\sigma_Z = \sigma'_Z + \sigma_{Z0} = \frac{P}{\pi}[\beta_0 + \sin\beta_0\cos(\beta_0 + 2\varepsilon)] + rZ \tag{6.23}$$

$$\tau_{XZ} = \tau'_{XZ} = \frac{P}{\pi}\sin\beta_0\sin(\beta_0 + 2\varepsilon) \tag{6.24}$$

依据材料力学相关理论可知，点 M 处的大小主应力（σ_1、σ_3）与其在 XOZ 坐标系中的应力分量（σ_X、σ_Z和τ_{XZ}）存在以下关系：

$$\sigma_1 = \frac{\sigma_X + \sigma_Z}{2} + \sqrt{\left(\frac{\sigma_X - \sigma_Z}{2}\right)^2 + \tau_{XZ}^2} \tag{6.25}$$

$$\sigma_3 = \frac{\sigma_X + \sigma_Z}{2} - \sqrt{\left(\frac{\sigma_X - \sigma_Z}{2}\right)^2 + \tau_{XZ}^2} \tag{6.26}$$

将式（6.22）~式（6.24）分别代入式（6.25）和式（6.26）中可得点 M 处大小主应力（σ_1、σ_3）的表达式。值得注意的是，由于式（6.25）和式（6.26）中求解比较烦琐，故运用《工程数学》中的相关知识对其进行简化计算，取 $\sqrt{a^2+b^2} \approx 0.96a+0.376b$，式中 $a>b$；鉴于地基塑性变形范围内$\tau_{XZ} \geqslant \frac{|\sigma_X-\sigma_Z|}{2}$，故点 M 处大小主应力（σ_1、σ_3）可用式（6.27）和式（6.28）表示：

$$\sigma_1 = \frac{P}{\pi}[\beta_0 + 0.376\sin\beta_0\cos(\beta_0 + 2\varepsilon) + 0.96\sin\beta_0\sin(\beta_0 + 2\varepsilon)] + (0.688 + 0.312k_0)\gamma Z \tag{6.27}$$

$$\sigma_3 = \frac{P}{\pi}[\beta_0 - 0.376\sin\beta_0\cos(\beta_0 + 2\varepsilon) - 0.96\sin\beta_0\sin(\beta_0 + 2\varepsilon)] + (0.312 + 0.688k_0)\gamma Z \tag{6.28}$$

当点 M 处于极限平衡状态时，其大小主应力（σ_1、σ_3）应满足式（6.11）中的相关关系，将式（6.27）和式（6.28）代入式（6.11）中并整理可得地基塑性开展区发展深度的解析表达式见式（6.29）：

$$Z = \frac{2P}{\pi T\gamma}(\sin\beta_0 - \beta_0\sin\varphi) - \frac{2c\cos\varphi}{T\gamma} \tag{6.29}$$

其中

$$T = (1 + k_0)\sin\varphi - 0.376(1 - k_0) \tag{6.30}$$

式（6.29）将塑性区的开展深度 Z 表示为 β_0 的一元函数；对 β_0 求导数，并将其导数值设为 0，得 $\beta_0 = \frac{\pi}{2} - \varphi$；将 $\beta_0 = \frac{\pi}{2} - \varphi$ 代入式（6.29）中可得塑性区最大开展深度（Z_{max}）的表达式为：

$$Z_{max} = \frac{2P}{\pi T\gamma}\left|\cos\varphi - \left(\frac{\pi}{2} - \varphi\right)\sin\varphi\right| - \frac{2c\cos\varphi}{T\gamma} \tag{6.31}$$

当式（6.31）中 Z_{max} 取 0 时，可得考虑地基侧向应力影响的比例界限荷载

(P_{cr}) 表达式：

$$P_{cr}=\frac{c\pi\cos\varphi}{\left|\cos\varphi-\left(\frac{\pi}{2}-\varphi\right)\sin\varphi\right|}=\frac{c\pi\cot\varphi}{\cot\varphi-\frac{\pi}{2}+\varphi}=cN'_c \tag{6.32}$$

其中，$N'_c=N_c=\dfrac{\pi\cot\varphi}{\cot\varphi-\frac{\pi}{2}+\varphi}$。

当地基塑性开展区的最大深度（Z_{max}）取 $b/3$ 时，可得考虑地基侧向应力影响的临塑荷载 $P_{1/3}$ 表达式：

$$P_{1/3}=\frac{2c\pi\cos\varphi+\frac{1}{3}\pi T\gamma b}{2\left|\cos\varphi-\left(\frac{\pi}{2}-\varphi\right)\sin\varphi\right|}=cN'_c+\frac{\gamma b}{2}N'_{1/3} \tag{6.33}$$

其中，$N'_c=N_c=\dfrac{\pi\cot\varphi}{\cot\varphi-\frac{\pi}{2}+\varphi}$，$N'_{1/3}=\dfrac{T\pi}{3\left|\cos\varphi-\left(\frac{\pi}{2}-\varphi\right)\sin\varphi\right|}$。

当地基塑性开展区的最大深度（Z_{max}）取 $b/4$ 时，可得考虑地基侧向应力影响的临塑荷载 $P_{1/4}$ 表达式：

$$P_{1/4}=\frac{2c\pi\cos\varphi+\frac{1}{4}\pi T\gamma b}{2\left|\cos\varphi-\left(\frac{\pi}{2}-\varphi\right)\sin\varphi\right|}=cN'_c+\frac{\gamma b}{2}N'_{1/4} \tag{6.34}$$

其中，$N'_c=N_c=\dfrac{\pi\cot\varphi}{\cot\varphi-\frac{\pi}{2}+\varphi}$，$N'_{1/4}=\dfrac{T\pi}{4\left|\cos\varphi-\left(\frac{\pi}{2}-\varphi\right)\sin\varphi\right|}$。

由第 3 章可知珊瑚砂静止侧压力系数（k_0）约为 0.25，将其代入式（6.34）即可得到考虑侧向应力影响的珊瑚砂地基承载力，其结果见表 6.7。

表 6.7 考虑侧向应力影响的地基承载力计算值与实测值汇总表

项目	N_c	N_q	N_γ	计算值 ($c\neq0$)/kPa	计算值 ($c=0$)/kPa	P_{cr} 实测值 /kPa	P_u 实测值 /kPa
比例界限荷载 P_{cr}	14.24	0	0	827.31	0	450	600
临塑荷载 $P_{1/3}$	14.24	0	3.94	830.90	3.59		
临塑荷载 $P_{1/4}$	14.24	0	2.95	830.00	2.69		

从表 6.7 中可看出以下几点。

（1）在无基础埋深条件下使用弹塑性法计算珊瑚砂地基承载力时，考虑侧向应力影响（即 $k_0 \neq 1.0$）时的地基承载力计算值较不考虑侧向应力影响（即 $k_0 = 1.0$）时略小。这可从地基承载力系数 N_c、N_q 和 N_γ 随 k_0 的变化得到解释。基于弹塑性法的珊瑚砂地基承载力计算过程中，k_0 分别取 1.0 和实测值时与似黏聚力相关的承载力系数 N_c 的计算方法和计算结果均未发生变化，而与基础埋深相关的承载力系数 N_q 和与基底土重度相关的承载力系数 N_γ 随 k_0 的减小略有降低。珊瑚砂的似黏聚力较大，与似黏聚力相关的承载力系数 N_c 是影响其地基承载力计算值的关键因素；$k_0 \neq 1.0$ 和 $k_0 = 1.0$ 条件下，N_c 没有发生变化，N_q 和 N_γ 的变化是导致两种条件下珊瑚砂地基承载力计算值并不一致的主要原因；由于两种条件下 N_q 和 N_γ 差异较小，故相应的地基承载力计算值相差不大。

（2）考虑侧向应力影响下珊瑚砂地基临塑荷载 $P_{1/3}$、$P_{1/4}$ 的计算值大于其极限承载力实测值；过大的似黏聚力仍是导致这一结果的主要原因。

7 考虑应力状态的平板载荷模型试验系统研制及其试验

平板载荷试验（PLT）是借助载荷板对地基逐级施加应力，并观测地基沉降量随时间变化的一种测试方法，其本质是通过模拟建筑物基础的工作条件检验地基填筑质量。该方法适用范围广泛，所测得的试验结果能较准确地反映地基土在特定试验条件下的承载能力和变形特性，是目前测试地基承载能力和变形特性最可靠的测试方法。地基承载力特征值和变形模量是基于平板载荷试验获取的最重要试验成果，也是工程设计的关键参数，对工程实践具有重要的理论意义和实用价值。自 20 世纪 30 年代以来，众多学者通过理论分析、数值模拟、原位测试和室内模型试验等方法对平板载荷试验条件下地基的工程力学特性开展了大量研究工作。然而，由于平板载荷试验影响因素众多，如载荷板的尺寸、形状、埋深、地基土的物理力学特性、沉降稳定的判定标准等，至今没有任何一个单一的力学模型能够对其进行完整的描述；因此，获取平板载荷试验条件下地基承载力和变形模量的精确解存在很大的困难。

大量研究结果表明，应力水平对平板载荷模型试验结果存在显著影响。De Beer 曾使用柔性气囊对基础周围的地基土施加均匀应力，以此模拟基础周围覆土应力；并在研究基础形状对地基极限承载力影响的基础上，对承载力因子进行了深入探讨。随后 Ismael 和 Vesic 使用与 De Beer 相同的四周刚性边界的模型箱，研究了 PLT 条件下地基土的压缩性对其极限承载力的影响，但两者均没有对地基土所处的应力状态进行详细描述。Yamamoto 和 Kusuda 通过室内小型 PLT 揭示了加筋土和非加筋土在荷载作用下的渐进破坏机理，并在此基础上提出了地基承载力的上限解。王新志采用四周刚性边界的模型箱研究了土体密实度、干湿条件、承压板的尺寸和形状等因素对珊瑚砂地基承载力的影响，并在同等条件下开展了珊瑚砂和石英砂 PLT 对比研究，得出珊瑚砂地基承载力比石英砂大得多的结论。Keskin 和 Laman 使用长条形模型箱对砂质边坡地基承载力进行了系统的 PLT 研究，结果表明砂质边坡地基承载力随基础宽度、基础距边坡边缘的距离、地基土的相对密度等因素的增大而增大；当基础距边坡边缘的距离大于 5.0 倍基础宽度时，地基承载力不受边坡的影响。刘刚等使用四周刚性边界的模型箱研究了地基系数（K_{30}）与变形模量（E_{V2}）两个指标对砾石类铁路路基质量检测的适用性，结果表明 K_{30} 比 E_{V2} 能更好地反映铁路路基的压实度。熊勇等采用四棱锥台状模型箱研究了粉质黏土地基在 PLT 过程中的变形演化特征，并提出了土体变形演化状态的明确划分标准。许年春等研制出了一种适用于 PLT 的柔性承压板，并通过试验得出使用刚性承压板获取的黏土地基的变形模量（E_0）较柔性承压板大14%的结论；随后，许年春等在对黏土地基进行 PLT 时，通过在柔性承压板的一侧使用柔性水压板对地基土表面施加均匀荷载，成功实现了对地基土抗剪强度参数的反演。

综上所述，目前对平板载荷试验的研究多从地基土的物理力学特性、承压板的刚度、形状和尺寸等角度开展，而关于地基土所处的应力状态，尤其是侧向应力状态对地基土平板载荷试验结果影响方面的研究相对较少。究其原因是缺乏能够模拟地基土实际所处应力状态的模型试验系统。鉴于此，笔者所在的研究团队通过技术集成创新，自行研制了一套适用于模拟地基土应力状态的 PLT 系统，为开展考虑地基土实际所处应力状态的 PLT 研究提供了条件。本章从系统的结构组成、主要功能、技术参数及其初步运用等方面对该测试系统进行了详细介绍。

7.1　考虑应力状态的 PLT 系统的研制

考虑应力状态的 PLT 系统采用分体式设计，主要由试验台架和智能液压控制系统两部分组成。试验台架包括底盘、箱体、顶板和立柱四部分，如图 7.1 所示。整个试验台架使用 Q35 型优质碳素结构钢和高强螺栓连接而成，且主要部件在铸造厂内通过模具整体铸造成型。试验台架的结构刚度大于 10 MN/mm，满载变形量在 1.0 mm 以内，可确保模型箱边界条件的稳定。整个系统外部尺寸为 5400 mm×3750 mm×2765 mm（长×宽×高），箱体内部净尺寸为 1500 mm×1500 mm×1500 mm（长×宽×高），可用于开展室内大型 PLT。

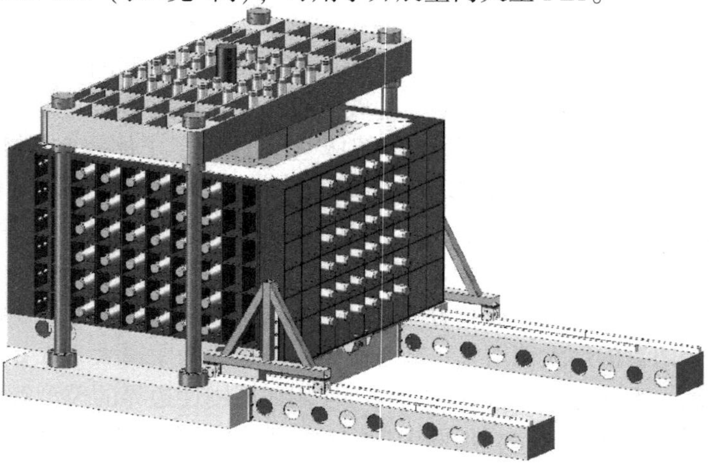

图 7.1　考虑旁侧荷载的平板载荷模型试验台架三维效果图

图 7.1 彩图

7.1.1　底盘设计

底盘由厚度均为 230 mm 的底座和导轨座，以及拉压油缸、导轨、限位块等零部件组成，如图 7.2 所示。导轨座由两条长 2750 mm、宽 380 mm 的条形钢材构成，并通过内六角圆柱头螺栓固定在底座的侧面上。底座为长 3750 mm、宽 2250 mm 的实心钢板，在其上表面的中央和两侧分别设置有 ϕ24 mm 的螺纹连接孔，分别用于固定拉压油缸和立柱。拉压油缸选用中国山东省青岛市乾坤兴智能科技有限公司生产的 HOB-LB100-70X2000 型大功率液压油缸；油缸直径 100 mm，活塞杆直径 70 mm，行程 2000 mm，额定应力 14 MPa。在整个底盘的上部还设有可控制箱体移动的内、外导轨，并在底座上与连接导轨座相对的一侧设置了两个限位块，以防箱体移动距离超出设定的范围。

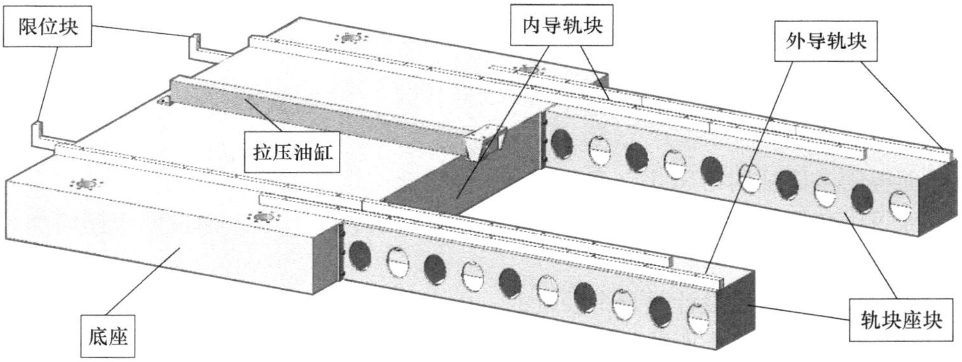

图 7.2　台架底盘结构设计效果图

7.1.2　箱体设计

箱体由一块底板和前后、左右四块侧面板通过螺栓连接而成，如图 7.3 所示。由于模型箱的顶板不可移动，为便于大型 PLT 的装、拆样，在底板内部的四角和前侧面板的底部分别设置了一定数量的滚轮。装样前可将箱体从顶板下移出，通过行车将固定质量的地基土分层装入箱体内。装样结束后在拉压油缸提供的动力作用下，将装满地基土的箱体移至顶板下部。拆样时将前侧面板上的可拆卸螺栓拆除，并移动前侧面板至导轨座的端部，从箱体的前侧将其内地基土取出。

箱体的底板采用倒扣的盒式结构，尺寸为 2750 mm×2500 mm×310 mm（长×宽×高）；其内部四角各固定有一个滚轮，可沿底盘上的内导轨滑动。此外，底板覆盖在拉压油缸的表面，在为拉压油缸提供作用支点的同时，也为整个装置提供了平整的工作台面。除前侧面板的底部设置了可沿外导轨滑动的滚轮外，四个

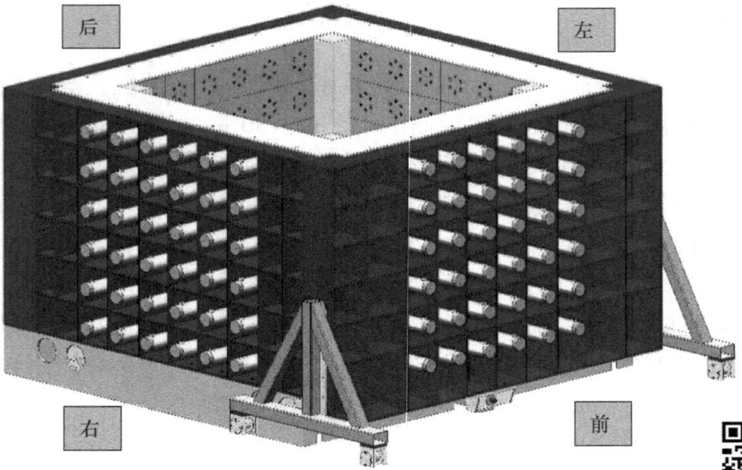

图 7.3　台架箱体结构设计效果图

图 7.3 彩图

侧向面板的主体结构与尺寸完全一致，均为格栅式框架结构；采用这种结构形式一方面可以在保证结构刚度的同时尽可能地节约钢材，另一方面也便于侧向加载系统的设置与安装。

侧向加载系统的设计是整个装置的一大亮点，其主要作用是通过对土体施加侧向应力来模拟地基土所处的应力状态。为保证对地基土所施加的侧向应力的均匀性，在每一个侧向面板上对称设置了 36 个设计吨位为 4 t、行程 150 mm 的千斤顶和长宽皆为 250 mm、厚度为 195 mm 的正方形加载板。千斤顶后端通过 M12 内六角螺栓固定在箱体侧壁上；千斤顶的活塞杆穿过侧向面板上的预留孔洞，与直径 120 mm、厚 10 mm 的法兰盘通过螺纹连接；然后法兰盘再通过 M12 内六角螺栓与正方形加载板相连。此外，为保证箱体的密封性，在箱体内侧采用带有密封圈的贴板封套封堵活塞杆与预留孔洞间的缝隙。为减小加载过程中相邻加载板间以及加载板与地基土间的摩擦力，在相邻加载板相接触的部位、加载板与地基土相接触的加载面上均涂抹聚四氟乙烯减摩材料；同时为防止试验材料对设备造成的锈蚀，在箱体内外两侧均涂刷了防腐油漆。

千斤顶与方形加载板组成一个独立的加载单元，对每一加载单元可单独供给油压，也可将几个加载单元串联在一起供给相同的油压。为节省造价，将系统中每一行的加载单元串联在同一油路上。通过调节不同油路上的供油压力，既可对地基土施加侧向均布荷载，也可施加侧向阶梯荷载。另外，由于本系统共有 144 块加载单元，不仅对地基土侧向的不均匀变形具有良好的适应性，还有效解决了使用单一加载单元加载应力均匀性差、加载强度低、行程小的难题。

为解决加载过程中由于土体压缩引起侧向相邻加载板或侧向加载板与顶部加载板间相互妨碍的问题，在箱体内部的四角设置了中空的条形角柱，如图 7.4 所示。条形角柱采用 304 不锈钢钢材制作，表面涂抹防腐油漆，外部尺寸为 375 mm×375 mm×1500 mm（长×宽×高）。图 7.4 为箱体的俯视图；由图 7.4 可看出：箱体内部除用于放置试样外，还设有角柱、可伸缩的加载板等辅助试验设备，其空间尺寸明显大于 1500 mm×1500 mm×15000 mm（长×宽×高）的预定范围。只有当加载板达到千斤顶行程的最大值（即 150 mm）时，试样的尺寸才为边长 1500 mm 的立方体。因此，试验过程中应将这部分体积计入试样体积，以避免地基土初始密实度设置出现错误。

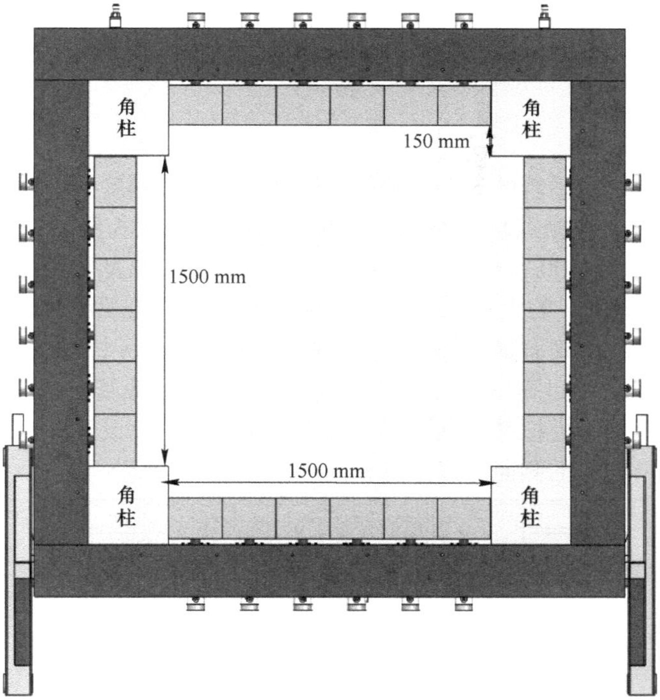

图 7.4 台架箱体结构俯视图

7.1.3 顶板及立柱设计

立柱为 ϕ140 mm×2451 mm（直径×高度）且表面镀铬的 45 号钢柱，其上下两端分别设有 ϕ120 mm×4 mm（直径×螺距）的螺纹，立柱与顶板结构侧视图如图 7.5 所示。立柱底部的螺纹长 111 mm，连接有 ϕ250 mm×120 mm（直径×高度）的螺母，并通过螺母上均布的 8 个直径 24 mm 的内六角圆柱头螺钉固定在底座上。立柱顶部的螺纹长 475 mm，其作用是通过上下两个螺母将顶板固定在立柱的顶部，构成整个试验装置的反力系统。

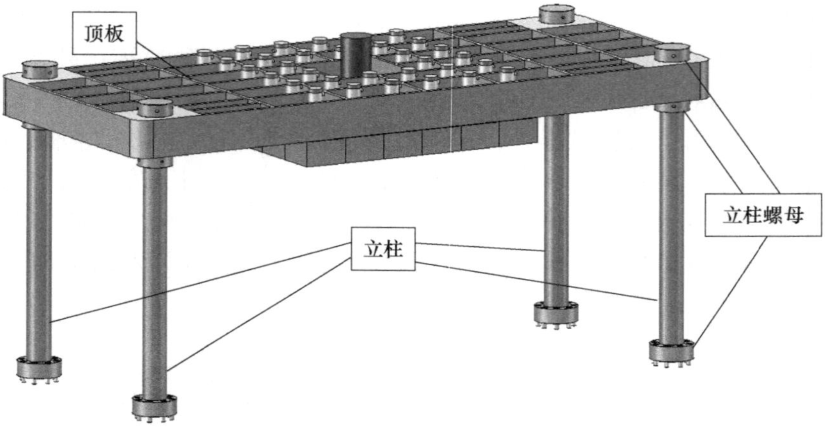

图 7.5　立柱与顶板结构侧视图

为便于顶部加载系统的安装，顶板在保证具有足够刚度的同时，亦采用与四个侧向面板相同的格栅式框架结构，顶板俯视图如图 7.6 所示；顶板的尺寸为 3750 mm×1600 mm×300 mm（长×宽×高）。在顶板的中央部位设有一个设计吨位为 18 t、行程 350 mm 的大型液压式千斤顶；大型液压式千斤顶的内部设有位移传感器，其活塞杆上连有横截面尺寸为 500 mm×500 mm（长×宽）的中央矩形加载板，可用于在 PLT 过程中对地基土施加荷载，并监测地基土的沉降。在顶板的四周均匀设置有用于模拟基础周围覆土应力的千斤顶，其设计参数和其下连接的加载板的尺寸与箱体的侧向加载系统相同。

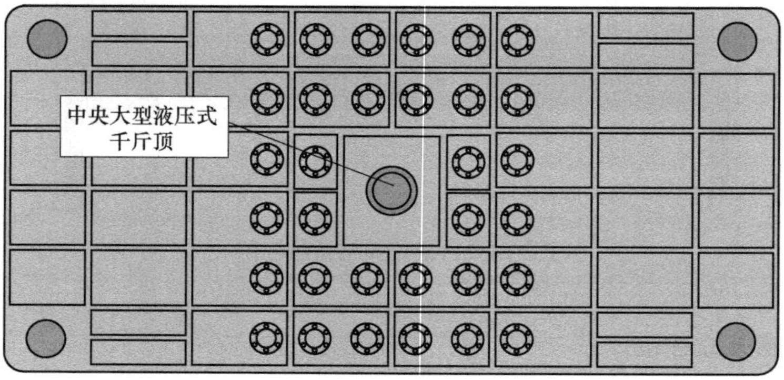

图 7.6　顶板俯视图

7.1.4　柔性气囊设计

柔性气囊可通过顶板上的加载板对地基土顶部施加刚性荷载，模拟地基土顶部变形受限条件下的工程特性；亦可借助柔性气囊（见图 7.7）对地基土顶部施加柔性荷载，模拟地基土顶部存在变形条件下的工程特性。采用柔性气囊加载模拟基础周围覆土应力，是该测试系统的另一大设计亮点。从图 7.7 中可看出：柔性气囊的尺寸足以覆盖模型箱内试样的整个顶面，仅在中央位置处留置了可供千斤顶活塞杆伸出的孔洞。气囊的充气口距台架箱体侧壁 80 mm，采用螺纹式承插口设计，外连稳压设备，具有良好的密闭稳压性能。气囊内部充满气体后，其最大膨胀厚度可达 150 mm。

图 7.7　气囊结构设计图

气囊加载系统包括气囊、气源和稳压设备，如图 7.8 所示。首先使用气源通过稳压设备向气囊中充气，在气囊内的气体压力达到设计荷载后稳压设备会发出信号并暂时关闭气源。由于土体被压缩，气囊内的气体压力不断下降，此时需用稳压设备进行调节和判断是否向气囊中继续充气，使气囊提供的气体压力稳定在设计荷载值。由于稳压设备的调节能力有限，当待测土体的压缩变形量较大，向气囊中充气的体积超出了稳压设备的调节范围时，稳压设备会自动将充气阀门关闭，然后在迅速恢复自身调节能力后再开启阀门并向气囊内继续充气稳压；在此过程中气囊提供的气体压力会有一段时间不能持续稳定在设计荷载值处；但由于稳压设备恢复调节能力所用的时间极短，对 PLT 的影响可以忽略。

7.1.5　智能液压控制系统设计

智能液压系统的设计是为了便于实现试样的前后、左右及顶部荷载的独立加

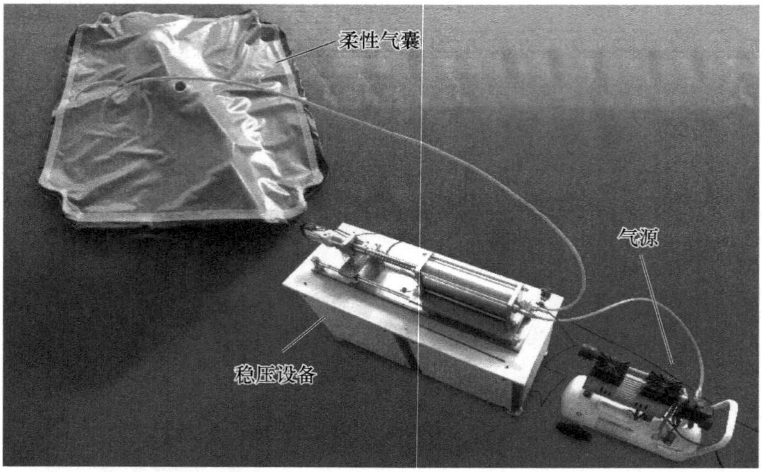

图 7.8　气囊加载系统实物图与示意图

载与稳压，且其主要由油泵、油箱、油管、板式单向阀、比例伺服阀、叠加式液控单向阀、电池换向阀、不锈钢高压球阀和低压球阀、压力传感器、电机、试验控制台等组成。试验控制台上设有电源控制按钮和油泵控制按钮，并可通过控制台上电脑里的软件系统（见图 7.9），智能调控各个方向上加载应力的输出值、加载次序和时间。软件系统内设置有各部分应力的加载值和维荷时间等选项，并可通过其实时监控轴向位移的大小，在软件系统中设定好各个方向应力输出值、加载次序和时间后，整个加载过程由智能液压加载系统自动控制，并在达到预定值或超出设备的加载能力后自动终止，极大节省了人力。当前后、左右及顶部加

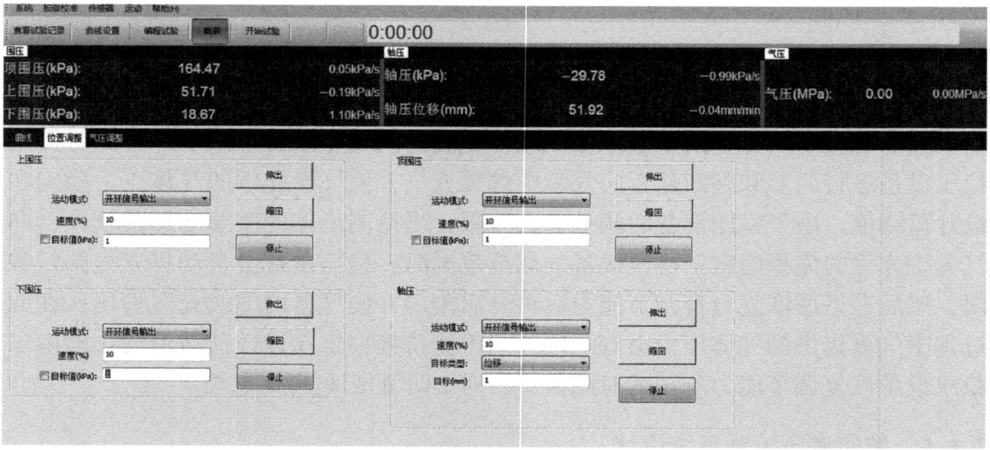

图 7.9　智能液压控制系统软件界面

载板所施加的荷载值达到软件系统中的预设值时，系统能在长时间（至少 5 天）内保持压力稳定。值得注意的是，在维荷时间较长的情况下，加载过程中智能液压控制系统可能出现漏油或回油的现象，造成施荷值的降低。为此软件系统设置了稳压范围，当荷载值低于稳压范围的下限时系统会增加油泵的输出压力；反之，当输出压力超出了稳压范围的上限时，系统会减少油泵压力的输出，以此来确保系统压力输出值的稳定。

7.2　系统可靠性分析

为验证新研制的考虑应力状态的平板载荷模型试验系统的可靠性，分别采用刚性加载和柔性加载模式对同等物性状态下的石英砂地基开展 PLT。

7.2.1　试验材料

试样为取自中国山东省青岛市小沽河边的硅质砂。试验前依据《土工试验方法标准》（GB/T 50123—2019）中的相关规定，对试样的颗粒级配、含水率、比重、最大和最小干密度（或孔隙比）等物性参数进行测试，结果如图 7.10 所示和见表 7.1。

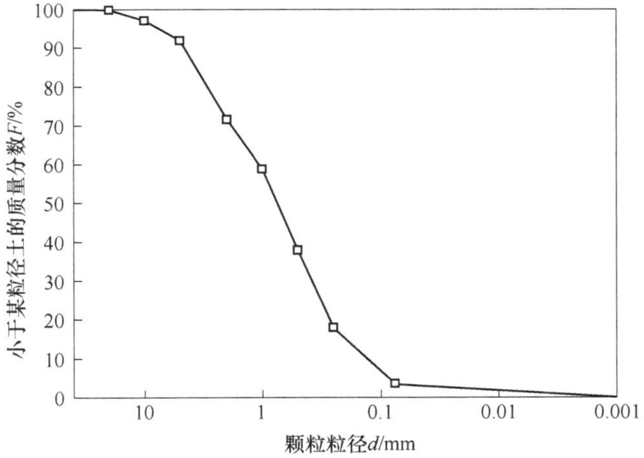

图 7.10　试验土样粒径分布曲线

表 7.1　试验土样的物性指标

试样名称	d_{10} /mm	d_{30} /mm	d_{60} /mm	含水率 w/%	C_u	C_c	比重 Gs	最小干密度 ρ_{dmin} /(g·cm^{-3})	最大干密度 ρ_{dmax} /(g·cm^{-3})
硅质砾砂	0.16	0.40	1.10	5.7	7.07	0.95	2.65	1.40	1.99

从图 7.10 和表 7.1 可知以下几点。

（1）粒径大于 2.0 mm 的土颗粒质量约为试样总质量的 28.40%，试样定名为硅质砾砂。

（2）C_u 值为 7.07，表明试验用硅质砾砂粒径分布范围广泛，且颗粒粒径连续；C_c 值仅有 0.95，表明试样中颗粒粒径分布相对集中，且主要为小于 1.10 mm 的细粒砂；故硅质砾砂的级配不良。

（3）硅质砾砂的天然含水量为 5.70%，是在将硅质砾砂搅拌均匀后采用炒砂法测试的含水量平均值。

（4）比重为 2.65，与 SiO_2 的密度相同，间接表明了 SiO_2 是本次试验用砂的主要矿物成分。

7.2.2　试验方案

为验证该测试系统的适用性与可靠性，在确保试样物性条件一致的情况下，分别采用刚性加载模式和柔性加载模式模拟基础周围覆土应力，对地基土的承载能力和变形特性开展研究。地基土的含水量取其天然含水量 5.70%。为确保地基土在侧向应力作用下不会因发生过大的体积变形而导致其密实状态（即密实、中密、疏松）发生较大变化，将地基土设置为相对密实度达到 73%的密实型地基土，并采用人工夯实制备。

当基础周围覆土应力采用顶板上的刚性加载板施加时，试验过程中外界对地基土所施加的应力由三个部分组成，即侧向应力（σ_h）、基础周围覆土应力（q）和轴向应力（P），其中基础周围覆土应力和轴向应力均施加于地基土的顶面，如图 7.11 所示。

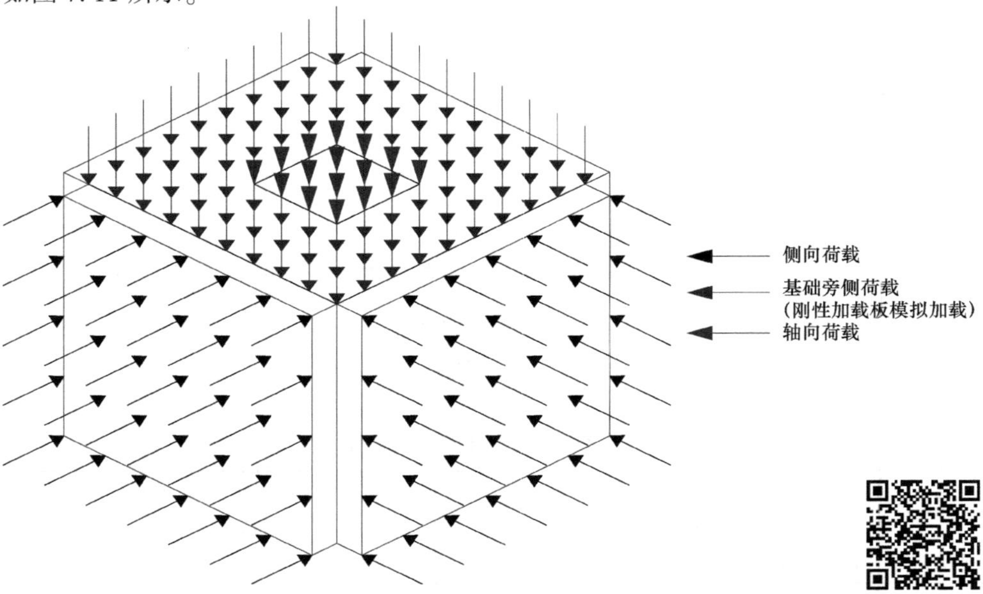

图 7.11　刚性加载模式下地基土三维应力示意图

图 7.11 彩图

（1）基础周围覆土应力可用以模拟不同的基础埋深。按照 25 kPa、50 kPa、75 kPa、100 kPa 的顺序依次对地基土施加基础周围覆土应力，每级加载历时 1 h，加载至 100 kPa 时保持稳定直至试验结束。

（2）侧向应力可用以近似模拟地基土在地层中所处的侧向应力状态。依据第 3 章中对硅质砂静止侧压力系数的研究结果，初步拟定地基土的侧向应力与竖向应力之比为 0.3。即在基础周围覆土应力逐级加载的过程中，按照 7.5 kPa、15 kPa、22.5 kPa、30 kPa 的顺序对地基土施加侧向应力。每级加载历时同样设置为 1 h；加载至 30 kPa 时保持稳定直至试验结束。

（3）使用轴向应力模拟基底附加应力。在对地基土逐级施加基础周围覆土应力的过程中，轴向应力亦按照 25 kPa、50 kPa、75 kPa、100 kPa 的顺序同步加载。每级加载时间的设置与基础周围覆土应力一致，即 1 h。在加载至 100 kPa 以后，按照每次递增 50 kPa 的原则对地基土逐级施压，直至达到设备所能提供的最大轴向应力或地基土发生明显破坏时停止试验。每级加载历时 2 h。

采用柔性气囊施加基础周围覆土应力时，试验过程中地基土所受外界应力同样可分为侧向应力（σ_h）、基础周围覆土应力（q）、轴向应力（P）三部分，如图 7.12 所示。

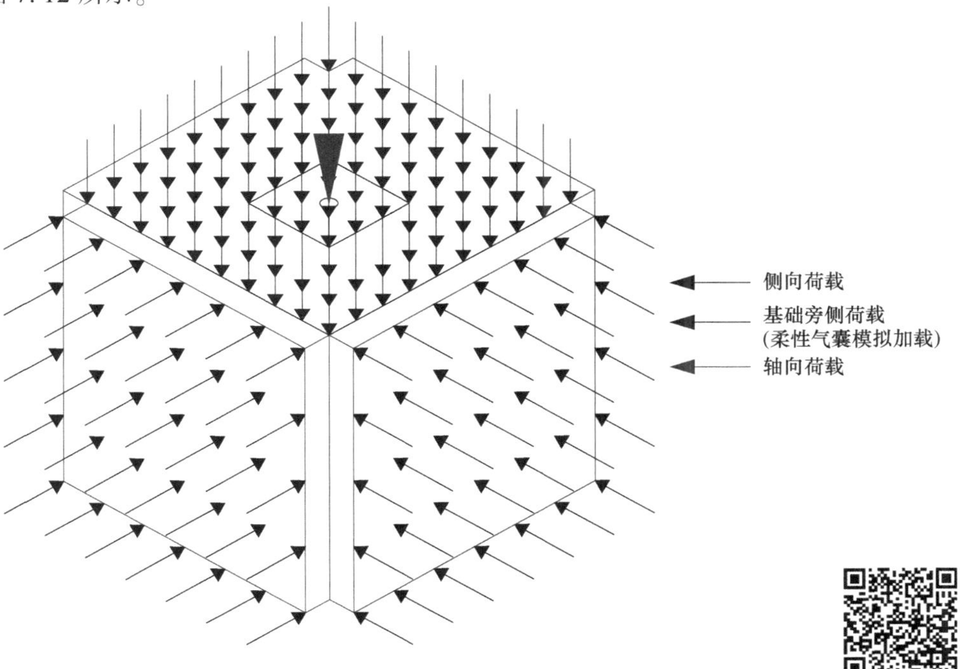

图 7.12　柔性加载模式下地基土三维应力示意图

图 7.12 彩图

基础周围覆土应力的加载方式不同，导致基础形式、基础周围覆土应力的作用面积以及应力加载顺序等也相应发生变化。

（1）当基础周围覆土应力采用刚性加载板施加时，轴向应力采用与顶板中央位置处大型液压式千斤顶活塞杆相连的中央刚性加载板（见图 7.13）施加。而当基础周围覆土应力采用柔性气囊施加时，地基土顶部所受应力完全由气囊膨胀后对地基土的挤压应力来提供；试验过程中顶板上的所有的加载板只作为反力架使用，并不对气囊施加应力。由于气囊中央位置处的仅留有直径 80 mm 的孔洞，故截面尺寸为 500 mm×500 mm（长×宽）的中央刚性加载板并不能穿过孔洞对地基土施压轴向应力；唯有将中央刚性加载板与千斤顶的活塞杆分离，并将千斤顶活塞杆穿过气囊中心位置处的孔洞才能对地基土施加轴向应力。当基础形式发生变化时，还需将台架顶板上因拆除中央刚性加载板后所留的矩形孔洞（500 mm×500 mm）用钢板填补，方可保证在气囊加载过程中台架顶板能正常提供反力。

图 7.13　中央刚性加载板实物图

（2）刚性加载模式下，地基土的顶部除中心部位 500 mm×500 mm（长×宽）的矩形范围内由中央刚性加载板施加轴向应力外，其余部位均是基础周围覆土应力的加载范围。柔性加载模式下，由于气囊几乎完全覆盖了地基土的顶部，仅留直径 80 mm 的孔洞供千斤顶活塞杆穿过，故基础周围覆土应力的加载范围较刚性加载模式下大。

（3）由于气囊覆盖于基础承压板之上，在构建地基土所处的初始应力状态时，轴向应力可由气囊施加。即在使用气囊对地基土施加应力达到 100 kPa 并稳压 1 h 前，不需要对地基土施加额外的轴向应力。具体试验方案和加载方式分别见表 7.2 和表 7.3。

表 7.2 室内平板载荷模型试验方案设计

试验编号	试样名称	加载模式	承压板/mm×mm	含水量 w/%	相对密度 D_r/%
1	硅质砾砂	刚性加载	500×500	5.7	73
2	硅质砾砂	柔性加载	500×500	5.7	73

表 7.3 地基土加载方式

<table>
<tr><th>加载模式</th><th>应力类型</th><th>基础旁侧荷载/kPa</th><th>侧向荷载/kPa</th><th colspan="2">轴向荷载/kPa</th></tr>
<tr><td rowspan="2">刚性加载模式</td><td>加载顺序</td><td>25、50、75、100</td><td>7.5、15、22.5、30</td><td>25、50、75、100</td><td>150、200、250、…</td></tr>
<tr><td>加载历时</td><td>每级 1 h，至 100 kPa 保持稳定</td><td>每级 1 h，至 30 kPa 保持稳定</td><td>每级 1 h</td><td>每级 2 h</td></tr>
<tr><td rowspan="2">柔性加载模式</td><td>加载顺序</td><td>25、50、75、100</td><td>7.5、15、22.5、30</td><td colspan="2">50、100、150、200、250、300、…</td></tr>
<tr><td>加载历时</td><td>每级 1 h，至 100 kPa 保持稳定</td><td>每级 1 h，至 30 kPa 保持稳定</td><td colspan="2">在侧向荷载达到 30 kPa 并稳压 1 h 后开始加载，每级 2 h</td></tr>
</table>

此外，为研究 PLT 过程中地基土内的应力分布特征，使用土压力计对地基土内的应力实施实时监测。所用土压力计为日本共和株式会社东京测器研究所生产的 KDC-200 kPa 型振弦式土压力计。数据采集仪选用美国坎贝尔公司生产的 CR1000 型数据记录仪；数据采样间隔设为 30 s。为研究地基土内应力随深度的变化趋势，将土压力计沿基础中心轴线方向分三层埋设，如图 7.14 所示。其中，第 1、2、3 层的底部距基础底面的距离分别为 400 mm、750 mm 和 1100 mm。此外，为探讨同层地基土内竖向应力分布的均匀性，于每层地基土距中心位置 500 mm 且靠近侧向面板的位置处设置了两块水平放置的土压力计。同时，为对地基土内侧向应力分布的均匀性进行分析，在前述两块水平放置的土压力计处同时设置了两块竖向放置的土压力计，且土压力计的受荷面正对与其相邻的侧向面板。土压力计的编号和具体埋设位置如图 7.14 所示。

7.2.3 试验操作步骤

刚性加载模式下的 PLT 主要分为试验前准备、装样和加载三个阶段，详细步骤如下。

（1）试验前将试样集中放置，并用塑料薄膜覆盖；装样前再次测试试样的含水量，确保其含水量维持在 5.70%。

（2）模型箱的内部尺寸决定了地基土的最大深度为 1500 mm；为确保地基土密实度的均匀性，采用分层填铺的方式制样；每层地基土的厚度与土压力计埋设的深度相对应，并在试验前按照试验方案中的密实度计算每层地基土的质量。

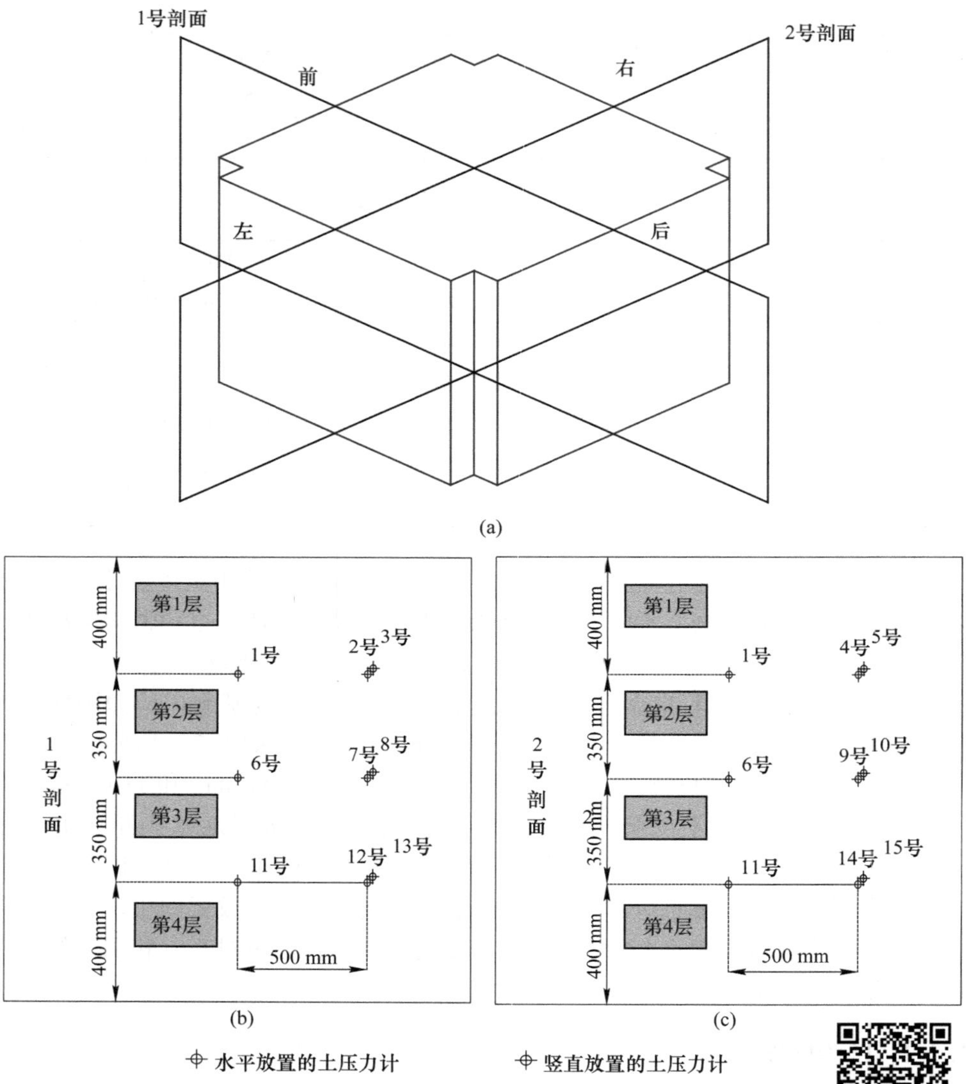

图 7.14　土压力计埋设位置示意图

(a) 剖面划分示意图；(b)(c) 埋设位置示意图

图 7.14 彩图

(3) 装样前将台架箱体从顶板下移出，然后分层填筑地基土至与台架箱体顶部齐平；共分 4 层装样，第 1 层和第 4 层的厚度均为 400 mm，第 2、3 层的厚度均为 350 mm；使用精度为 10 g 的台秤称量地基土的质量，确保每层地基土的质量与试验设计一致，保证地基土密实度的均匀性。此外，由于地基土的密实度较大，装样过程中使用平板夯击的方法使其达到设定的密实度，并用卷尺丈量地基土表面至台架箱体顶部的距离，以此来评价地基土的装样效果。

（4）待第4层（即底层）400 mm厚的地基土填铺完毕后，按照前述试验方案中土压力计的埋设位置，将5个已连接数据采集器的土压力计在底层地基土表面安装就位，并确保土压力计的位置和正面朝向准确，如图7.15所示。在铺装上层地基土前，先用少量砂土将土压力计覆盖，防止其在上层地基土填铺过程中发生错位。理顺数据线的铺设路径，使其沿着同一个侧向面板引出；在紧贴侧向面板的同时留设适当的松紧度，以防侧向面板上的加载板错位移动时将数据线剪断。

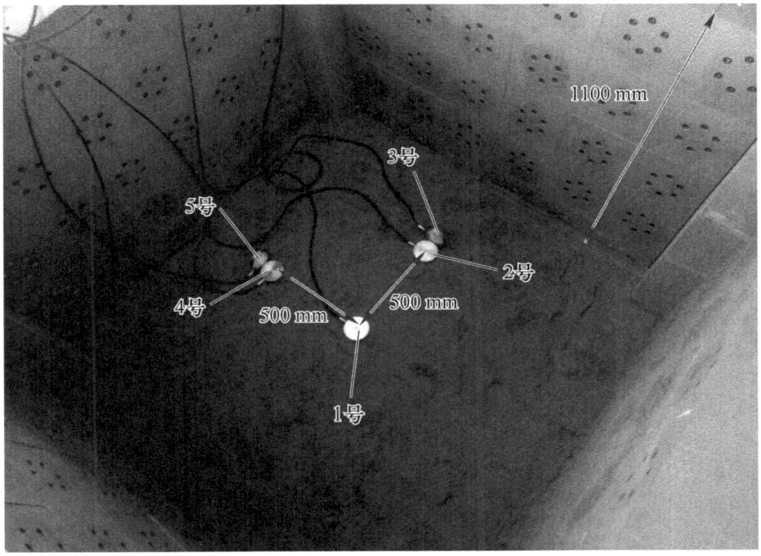

图7.15　土压力计埋设位置实物图

图7.15彩图

（5）地基土和土压力计铺装完成以后，将地基土静置一昼夜，待地基土在自重作用下固结稳定后再开始加载。

（6）启动电源和油泵，将装有地基土和土压力计的台架箱体移至顶板下部，并通过软件控制系统给地基土施加较小的基础周围覆土应力和轴向应力，使顶板上的加载板与地基土表面充分接触。然后将基础周围覆土应力、轴向应力和侧向应力的示数清零，并记录位于顶板中央大型液压式千斤顶内位移传感器的初始读数。

（7）确保数据采集器与15个土压力计间的良好连接，并在正式加载前将土压力计的初始读数置零。

（8）按照试验方案中刚性加载模式下的加载次序进行加载，直至地基土发生明显破坏或达到仪器所容许的最大输出应力。

（9）试验结束后通过软件控制系统导出试验过程中与轴向应力相应的基础沉降值，并绘制 *P-S* 曲线；统计数据采集仪中土压力计的测试数据，并进行对比分析。

柔性加载模式下的操作步骤与刚性加载模式下基本一致，不同之处在于以下几点。

（1）地基土不能填筑到台架箱体顶部，应留有可供柔性气囊放置的空间。预留空间的大小要适当；预留空间过大会导致气囊完全膨胀后仍不能提供足够的基础周围覆土应力。由于台架箱体顶部至顶板底部之间仅有 30 mm 的缝隙，而气囊完全膨胀后的厚度有 150 mm，故本次试验设定地基土顶部距台架箱体顶部的距离为 70 mm，给气囊预留 50 mm 的膨胀高度。考虑到地基土的密实度相对较大，且所需气囊施加的荷载较小，故预留 50 mm 的膨胀高度完全能够满足本次试验需求。

（2）需将中央刚性加载板拆除，并额外设置截面尺寸为 500 mm×500 mm 的矩形承压板，如图 7. 16 所示。通过千斤顶活塞杆对矩形承压板施加荷载。矩形承压板应水平放置，且需保证其中心位置处与千斤顶活塞杆相对应。顶板处由于中央加载板的拆除而预留的孔洞，也需采用薄钢板填堵。本次试验采用焊接薄钢板的方式对顶板中央处的孔洞进行封堵，如图 7. 16 所示。然而，焊接操作极为不便，且多次焊接易对周围的加载板造成损伤；这是本装置的一大缺陷。

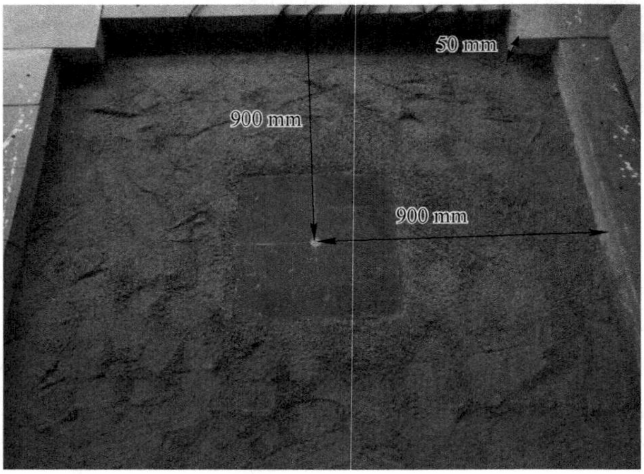

图 7. 16　柔性加载时所用的基础承压板

（3）基础沉降量的处理方法不同。由图 7. 11 和图 7. 12 可知：刚性加载时基础周围覆土应力与轴向应力的加载范围相互分离，可通过记录中央刚性加载板的位移获取基础在轴向应力作用下的实时位移。而柔性加载时由于气囊覆盖了基础承压板，故基础周围覆土应力和轴向应力的加载范围存在重叠。虽然在试验前记录了千斤顶活塞杆与基础承压板接触时的基础位移，但在基础周围覆土应力由 25 kPa 依次增大至 100 kPa 的过程中，基础位移数据是缺失的。当基础周围覆土应力维持在 100 kPa，并将轴向应力加载至 50 kPa 时，基底地基土所承受的实际应力为 150 kPa。由于试验初期基础位移近乎随轴向应力的增大线性增加，可根据试验前的基础位移和基底应力 150 kPa（此时施加的轴向应力为 50 kPa）时对应的位移，采用线性插值的方法估算气囊加载过程中的基础位移。

7.2.4　*P-S* 曲线分析

图 7.17 所示为两种加载模式下地基土的 *P-S* 曲线对比图。

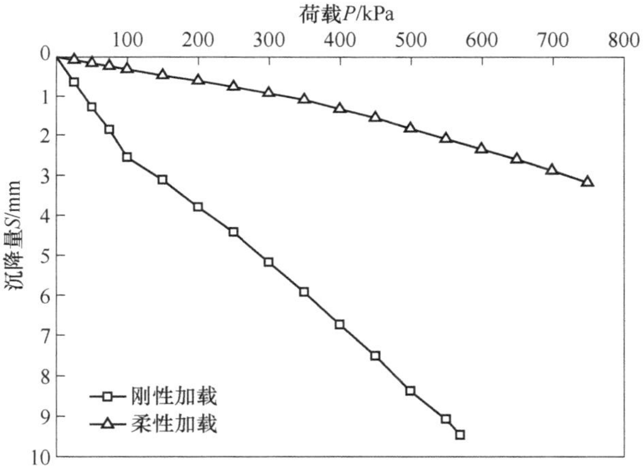

图 7.17　两种加载模式下地基土的 *P-S* 曲线图

从图 7.17 可以看出以下几点。

（1）两种加载模式下地基土的 *P-S* 曲线近乎线性发展，试验结束时地基土并未出现明显的破坏；这是由顶板中央大型液压式千斤顶的加载能力不足造成的。由于试验所用基础承压板的尺寸（500 mm×500 mm）（长×宽）较大，且地基土又相对较为密实。因此，使地基土发生明显破坏所需的轴向应力较大。本系统的最大应力输出值不能使密实型地基在大尺寸基础承压板作用下发生明显破坏，后期会通过提高顶板中央大型液压式千斤顶的设计吨位进行改进。

（2）在柔性加载模式下系统所能提供的极限应力较刚性加载模式下大。当使用柔性气囊施加基础周围覆土应力时，系统所能提供的最大轴向应力为 750 kPa；而刚性加载模式下仅有 570 kPa。这一方面是因为柔性加载时，试验前期借助气囊加载提供了 100 kPa 的轴向应力，至试验结束时顶板中央大型液压式千斤顶提供的轴向应力其实仅有 650 kPa。另一方面，刚性加载时采用的中央刚性加载板模拟浅基础；由于中央刚性加载板的重量较大，加载过程顶板中央大型液压式千斤顶牺牲了一部分加载能力，用于承受中央刚性加载板的重量。在两方面因素综合作用下，设备在柔性加载模式下所能提供的轴向应力更大。

（3）在地基土的物性参数相同的条件下，系统在使用柔性加载模式时所测得的地基土的承载能力和变形模量较刚性加载模式下更大，沉降量也相对较小。变形模量可依据式（7.1）计算：

$$E_0 = I_u(1 - \mu^2)\frac{Pd}{S} \tag{7.1}$$

其中，I_u 为与基础形状相关的系数；对方形基础承压板 I_u 取 0.88。μ 为地基土的泊松比；对于砂土，泊松比的取值范围一般为 0.20~0.25；为便于进行试验结果的对比分析，将用于变形模量计算的泊松比 μ 统一取 0.25。d 为基础承压板的特征尺寸，即方形基础承压板的边长，取 500 mm。P 为地基土的比例界限应力或临塑应力，对应载荷试验 *P-S* 曲线图中线性段末端处的基底附加应力；由于两种加载模式下地基土的 *P-S* 曲线均近乎线性发展，故用于变形模量计算的 P 统一取试验结束时的应力。据此计算两种加载模式下地基土的变形模量，结果表明：刚性加载时地基土的变形模量为 24.78 MPa，柔性加载时地基土的变形模量为 97.26 MPa；柔性加载时的变形模量约为刚性加载时的 4 倍。本章的试验结果与许年春等的研究结论相反。笔者认为导致这种结果的原因是虽然本章与许年春等所开展的 PLT 均采用了刚性加载与柔性加载两种不同的加载方式，但地基土的应力状态不同。许年春等并未考虑基础周围覆土应力对试验结果的影响，两种加载方式均是用以模拟基底附加应力（即轴向应力）的施加；而本章采用这两种加载模式模拟基础周围覆土应力。刚性加载模式下加载版应能严格限制基础周围地基土在受荷后不会发生较大的隆起变形；但由于本次试验中所施加基础周围覆土应力较小（最大仅为 100 kPa），在实际操作过程中加载板与地基土间可能存在未紧密贴合的部位。反之，柔性加载模式可以在均匀施加基础周围覆土应力的同时保证气囊与地基土间严密接触，如图 7.18 所示。基础底部土体在基础旁侧地基土的挤压作用下变得更为密实，承载力和变形模量均有较大提高。

7.2.5　地基内竖向应力分布

图 7.19 为不同加载模式下，地基土内各土层承担的竖向应力（σ_v）随基础周围覆土应力（q）的变化规律。在逐级施加轴向应力（P）前营造出一个相对均匀的应力环境，近似模拟地基土在地层中的应力状态；这是该测试系统的特色。试验过程中，基础周围覆土应力（q）按 25 kPa、50 kPa、75 kPa、100 kPa 的顺序依次施加；同时，侧向应力（σ_v）按 0.3 倍基础周围覆土应力（q）分级施加。为排除制样过程对试验结果的影响，加载前将各土压力计的初始示数置

图 7.18 工作状态下的气囊

零。故图 7.19 中的数据为地基土中的竖向应力（σ_v）随基础周围覆土应力（q）的增加的变化值。

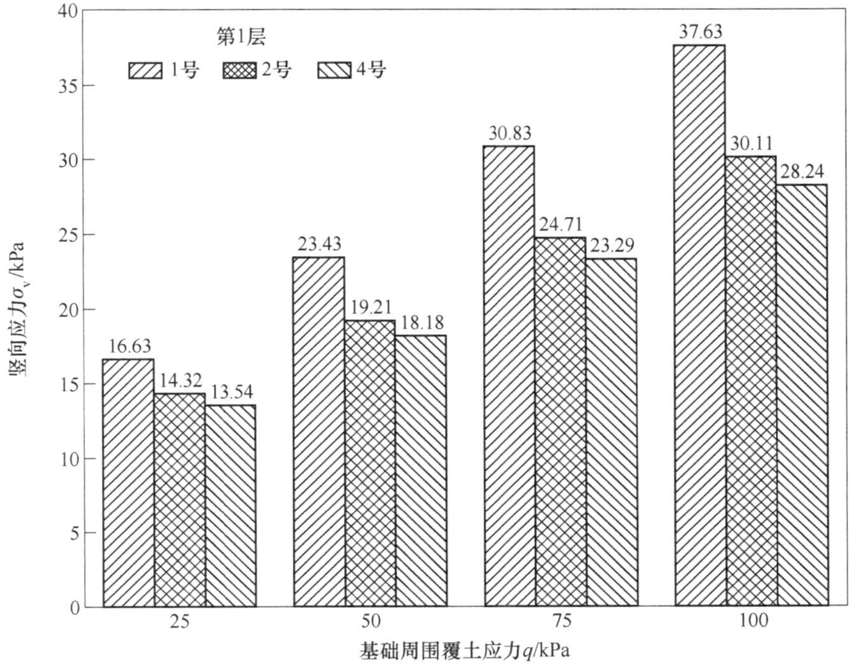

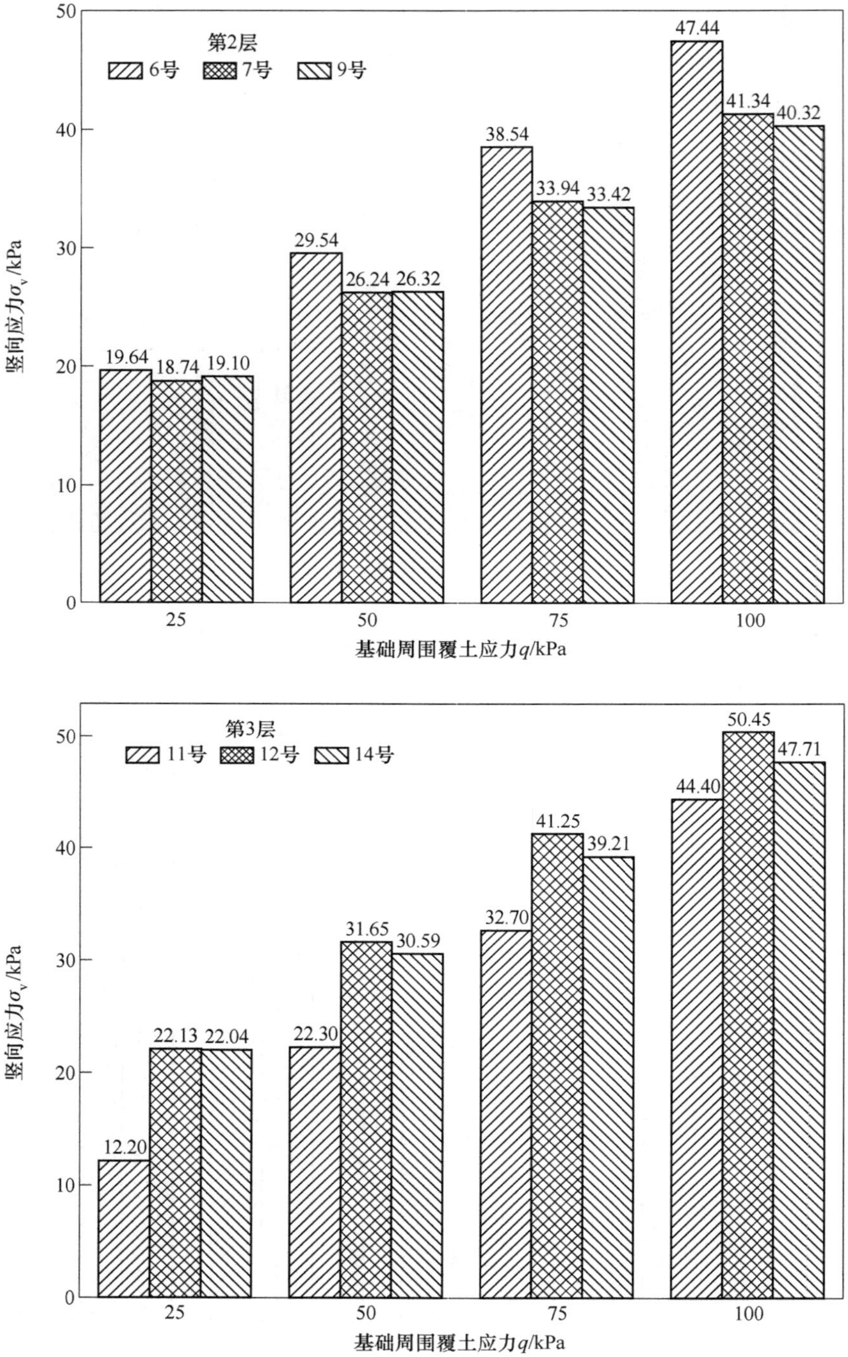
第2层
6号
7号
9号
19.64
18.74
19.10
29.54
26.24
26.32
38.54
33.94
33.42
47.44
41.34
40.32
竖向应力σ_v/kPa
基础周围覆土应力q/kPa
第3层
11号
12号
14号
12.20
22.13
22.04
22.30
31.65
30.59
32.70
41.25
39.21
44.40
50.45
47.71
竖向应力σ_v/kPa
基础周围覆土应力q/kPa
(a)

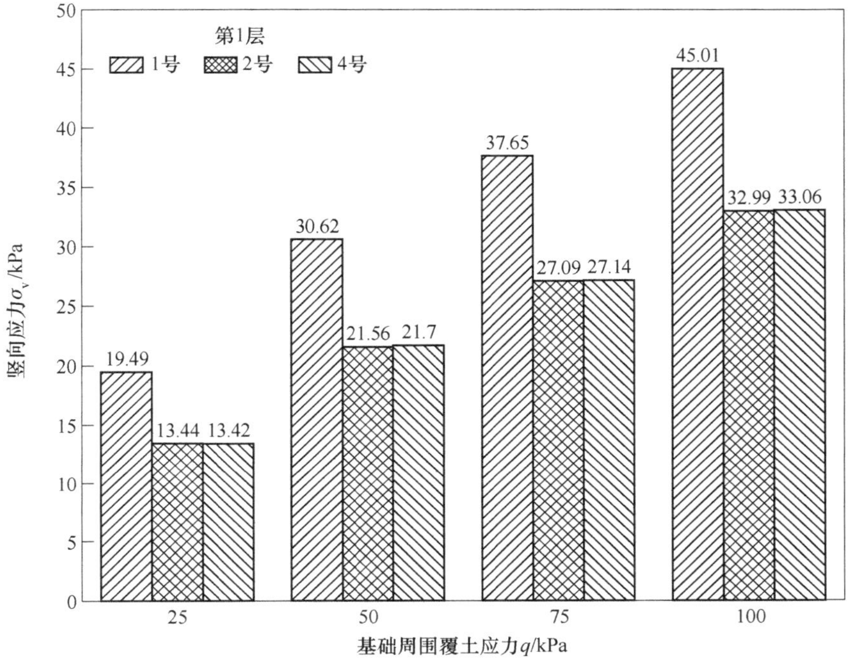
第1层
1号
2号
4号
竖向应力σ_v/kPa
基础周围覆土应力q/kPa
19.49
13.44
13.42
30.62
21.56
21.7
37.65
27.09
27.14
45.01
32.99
33.06
0
5
10
15
20
25
30
35
40
45
50
25
50
75
100

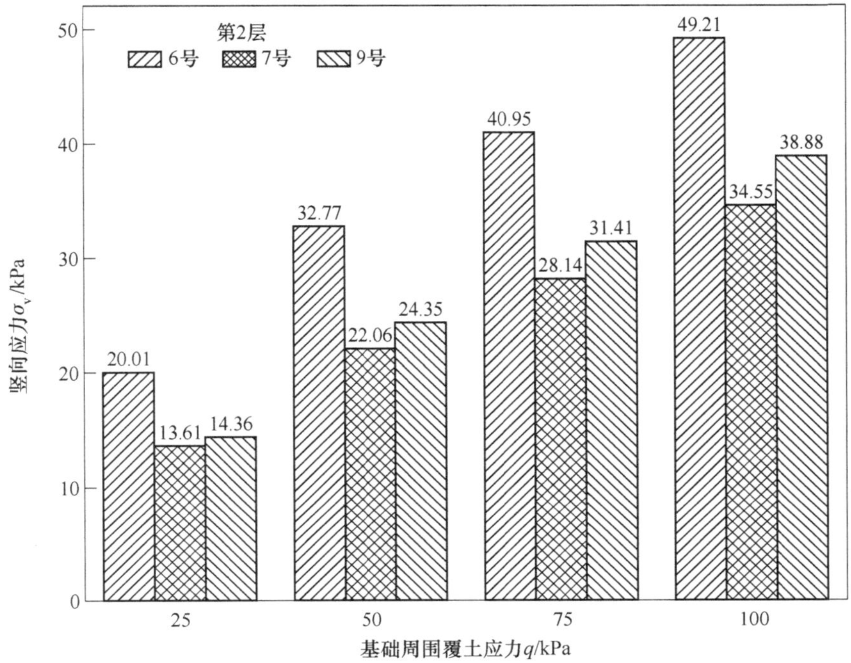
第2层
6号
7号
9号
竖向应力σ_v/kPa
基础周围覆土应力q/kPa
20.01
13.61
14.36
32.77
22.06
24.35
40.95
28.14
31.41
49.21
34.55
38.88
0
10
20
30
40
50
25
50
75
100

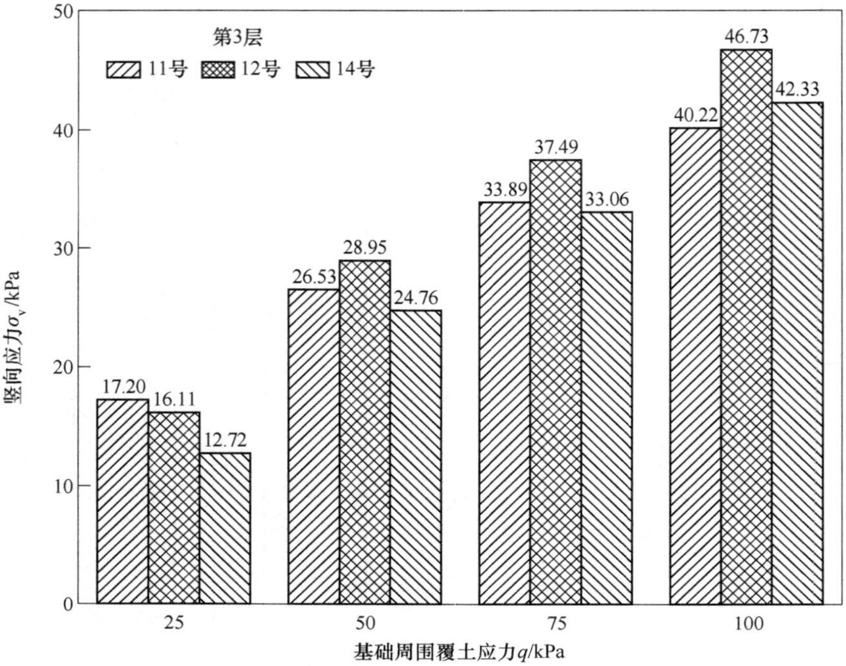

(b)

图 7.19　两种加载方式下地基土各土层竖向应力分布对比图

(a) 刚性加载；(b) 柔性加载

为评估同层地基土竖向应力分布的均匀性，定义统计参数 δ_i；其物理意义为第 i 层地基土周边土压力计读数与同层地基土基础中心轴线位置处土压力计读数之差的绝对值与两者最大值的比值。由于每层地基土周边都有两个土压力计，取计算结果的最大值来描述该层地基土周边部位与中心区域竖向应力的偏差 δ_i；其计算方法见式 (7.2)：

$$\delta_i = \max\left(\frac{|\sigma_{i1} - \sigma_{i0}|}{\max(\sigma_{i1},\ \sigma_{i0})},\ \frac{|\sigma_{i2} - \sigma_{i0}|}{\max(\sigma_{i2},\ \sigma_{i0})}\right) \times 100\% \tag{7.2}$$

式中，i 表示地基土的层数，其值分别为 1、2、3（见图 7.14）；σ_{i1}、σ_{i2}、σ_{i0} 分别为第 i 层周边两个土压力计和基础中心轴线位置处土压力计的示数。依据式 (7.2) 统计土压力计的实测数据，结果见表 7.4。

表 7.4　两种加载模式下 δ_i 统计表　(%)

加载模式	荷载 P/kPa	25	50	75	100
刚性加载	δ_1	44.87	29.54	20.73	11.99
	δ_2	4.58	11.17	13.28	15.01
	δ_3	18.58	22.41	24.46	24.95

续表 7.4

加载模式	荷载 P/kPa	25	50	75	100
柔性加载	δ_1	26.08	8.36	9.60	13.93
	δ_2	31.98	32.68	31.28	19.79
	δ_3	31.14	29.59	28.05	26.71

从表 7.4 中可看出以下几点。

（1）在 25~100 kPa 基础周围覆土应力范围内，顶层（即第 1 层）地基土在柔性加载模式下的竖向应力偏差的范围为 9.60%~26.08%，刚性加载模式下的竖向应力偏差的范围为 11.99%~44.87%。在柔性加载模式下，顶层地基土处的竖向应力分布更为均匀；且随着地基土顶部应力的增大，顶层周边土压力计读数与地基土基础中心轴线位置处土压力计读数间的偏差在两种加载模式下均有减小的趋势。这一方面是因为在使用柔性气囊加载过程中气囊与地基土的接触更为紧密；而用刚性加载板加载时接触面上可能存在悬空现象。另外，柔性加载时地基土并未填至台架箱体顶部，土压力计埋设位置与加载面间的竖向距离较小，对顶部荷载变化的感知也更为灵敏，表现为顶层周边土压力计读数与地基土基础中心轴线位置处土压力计读数间的偏差较小。

（2）第 2 层和第 3 层地基土周边部位与基础中心轴线位置处的竖向应力，在刚性加载模式下的偏差较柔性加载模式下小，应力分布相对较为均匀。这可能与气囊中心位置处留设的孔洞有关。为便于后期对地基土施加轴向应力（P），在气囊中心位置处留设了可供千斤顶活塞杆穿过的孔洞。因此，在使用柔性气囊加载时其加载面并没有完全覆盖地基土的整个顶部，造成周边部位与基础中心轴线位置处的竖向应力存在偏差。但这种偏差在气囊加载模式下有随着基础周围覆土应力的增大而减小的趋势；即当对地基土顶部施加足够大的基础周围覆土应力时，同层地基土的 δ_i 会逐渐减小；此时可认为同层地基土周边部位与基础中心轴线位置处的竖向应力是均匀的。

其次，定义统计参数 ε_i，用于反映同层地基土周边部位竖向应力分布的均匀性，其数学表达式见式（7.3）：

$$\varepsilon_i = \frac{|\sigma_{i1} - \sigma_{i2}|}{\max(\sigma_{i1},\ \sigma_{i2})} \times 100\% \tag{7.3}$$

式中参数的定义与式（7.2）相同。通过对土压力计实测数据的统计获取两种加载模式下各层地基土周边部位竖向应力间的偏差 ε_i 见表 7.5。

表 7.5 两种加载模式下 ε_i 统计表 （%）

加载模式	σ_t/kPa	25	50	75	100
刚性加载	ε_1	0.41	3.35	4.95	5.43
	ε_2	1.88	0.30	1.53	2.47
	ε_3	5.45	5.36	5.75	6.21

续表 7.5

加载模式	σ_t/kPa	25	50	75	100
柔性加载	ε_1	21.09	14.50	11.84	9.43
	ε_2	5.25	9.42	10.42	11.15
	ε_3	0.15	0.65	0.18	0.21

从表 7.5 中可看出。

（1）在营造地基土所处的初始应力状态过程中，顶层地基土周边部位竖向应力间的偏差 ε_i 在柔性加载模式下的变化范围为 9.43%~21.09%，刚性加载模式下的变化范围为 0.41%~5.43%；相比之下柔性加载模式下顶层地基土周边竖向应力间的偏差更大。但随着地基土顶部应力的增大，这种偏差的发展趋势截然相反；刚性加载模式下同层地基土周边部位竖向应力间的偏差随顶部应力的增大逐渐加大，而柔性加载模式下同层地基土周边部位竖向应力间的偏差随顶部应力的增大却依次减小。这是因为刚性加载时顶板上的 32 个刚性加载板共用一个加压油缸来控制，其对地基土顶部应力的施加是同步输出的。控制台上的软件控制系统中记录的是 32 个刚性加载块所输出应力的平均值；当由于地基土的压缩造成某些加载块底部的应力小于系统设定值时，加压油缸会给所有的加载块持续供压来弥补应力的不足，造成不同加载块底部应力值间偏差的增长，且这种偏差会随着顶部应力设计值的增大而增大。反之，由于气囊加载过程中是用气压应力传感器测量整个气囊内部的气体压应力，其对地基土应力的施加相对较为均匀。当气囊设计输出应力较低时，可能会因为地基土的不均匀性造成同层地基土周边部位竖向应力间的偏差较大；但随气囊设计输出应力的增大，地基土不均匀性对同层周边部位竖向应力分布的影响会逐渐降低。

（2）第 3 层地基土周边部位竖向应力间的偏差，采用柔性加载模式显著较刚性加载模式下小。虽然在试验前将土压力计的初始示数置零，即排除地基土自重对竖向应力的影响；但气囊对地基土顶部施加应力的同时挤压上部土体，类似于气囊直接作用在第 3 层土体上，且对第 3 层地基土施加了超出试验方案中设定的应力。根据前述地基土周边部位竖向应力间偏差随气囊内部气体压应力的增大而减小的变化趋势，可知第 3 层地基土周边部位竖向应力的偏差并不大，相对较为均匀。

此外，为定量研究两种加载模式下地基土竖向应力沿深度分布的均匀性，定义统计量 θ_j，其计算方法见式（7.4）：

$$\theta_j = \frac{\max(\sigma_{jk}) - \min(\sigma_{jk})}{\max(\sigma_{jk})} \times 100\% \tag{7.4}$$

其中，j 表示土压力计埋设的竖直方向。由于在土压力计铺设过程中，1 号、6 号、11 号、2 号、7 号、12 号、4 号、9 号、14 号土压力计按照从下往上的顺序，依次埋设在 3 个不同竖直方向上（见图 7.14），故取 $j=1$、2、3 来分别描述上述土压力所处的竖向位置。其中 $j=1$ 对应 1 号、6 号、11 号土压力计所在的基础中心轴线方向，$j=2$ 对应 2 号、7 号、12 号土压力计所在的靠近台架箱体后侧的竖直方向，$j=3$ 对应 4 号、9 号、14 号土压力计所在的靠近台架箱体右侧的竖直方向。k 表示试验过程中对地基土所施加的顶部应力；按照试验方案 k 的取值分为 25 kPa、50 kPa、75 kPa、100 kPa 四种。σ_{jk} 为在顶部应力为 k 的情况下，j 方向上地基土的竖向应力；由于在每个竖直方向上自下而上分别埋设了 3 个水平放置的土压力计，故在同一竖直方向上 σ_{jk} 的取值有 3 个。根据对试验数据的统计获取两种加载模式下的 θ_j 见表 7.6。

表 7.6 两种加载模式下 θ_j 统计表 （%）

加载模式	荷载 P/kPa	25	50	75	100
刚性加载	θ_1	37.88	24.51	20.01	20.68
	θ_2	35.29	39.30	40.10	40.32
	θ_3	38.57	40.57	40.60	40.81
柔性加载	θ_1	14.03	19.04	17.24	18.26
	θ_2	16.59	25.53	27.75	29.41
	θ_3	11.48	12.34	17.89	21.89

从表 7.6 中可看出：当对地基土表面施加相同的顶部应力，不同加载模式下，竖向应力沿地基土深度分布的均匀性存在显著差异。同一竖直方向的地基土在受荷过程中，不同深度地基土的竖向应力在柔性加载模式下的偏差较小，即同一竖直方向不同深度处的竖向应力在柔性加载模式下的均匀性更好。

综上所述，对同层地基土，无论采用刚性加载模式还是柔性加载模式，其周边部位以及周边部位与基础中心轴线位置处的竖向应力间的偏差均不大；相对而言，柔性加载模式下同层地基土内的竖向应力分布更为均匀，且这种均匀性在气囊所施加的应力较大时体现得更为明显。其次，对于不同深度处地基土内竖向应力，在柔性加载模式下的均匀性显著较刚性加载模式下好。

7.2.6 地基内侧向应力分布

图 7.20 所示为两种不同加载模式下地基土中不同深度处的侧向应力。由于在装样过程中部分侧向埋设的土压力计位置出现偏差，未能有效监测到土体在受荷过程中侧向应力的变化。因此，本章仅对有效的监测点数据进行了分析。从图 7.20 中可看出：虽然试验过程中侧向应力是按照侧向应力与竖向应力之比（k_0）为 0.3 的原则施加的，但在两种加载模式下，各层地基土的侧向应力均未达到设计值。且不同深度地基土的侧向应力存在明显差异；第 3 层地基土的侧向应力明

显大于第 1 层地基土。这也说明在大体积模型试验中对地基土按设计的静止侧压力系数 k_0 施加侧向应力，并不能保证其地基土达到相应的应力状态。若要使地基土所处的应力状态达到 $k_0=0.3$ 的设计标准，应在具体试验前针对不同深度的地基土建立所施加的侧向应力与地基土实际所处侧向应力状态的标定曲线，然后在具体试验过程中按照标定曲线来对不同深度地基土施加不同的侧向应力，从而保证地基土所处侧向应力状态的均匀性。

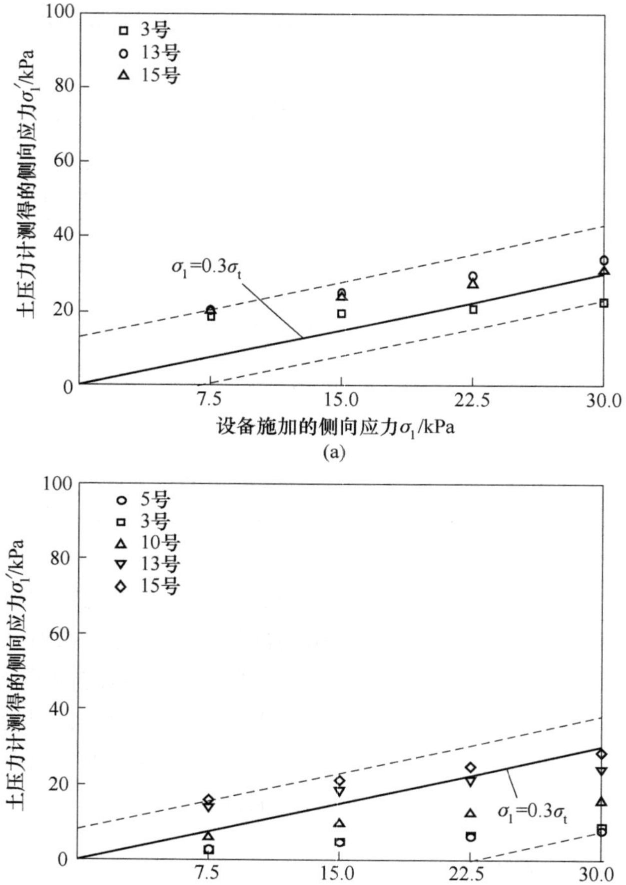

图 7.20　不同加载模式下地基土内的侧向应力

（a）刚性加载；（b）柔性加载

参考文献

[1] 孙宗勋，黄鼎成．珊瑚礁工程地质研究进展［J］．地球科学进展，1999，14（6）：577-581.

[2] Wang X, Jiao Y, Wang R, et al. Engineering characteristics of the calcareous sand in Nansha Islands, South China Sea [J]. Engineering Geology, 2011, 120 (1/2/3/4): 40-47.

[3] McClelland B. Calcareous sediments: an engineering enigma: Proceedings, International Conference on Calcareous Sediments [C]. Australia: Perth, 1988.

[4] De Mello J R C, Amaral C D S, Da Costa A M, et al. Closed-ended pile piles: testing and piling in calcareous sand: Proceedings, the 21st Annual off shore Technology Conference [C]. Australia, Houston, 1989.

[5] Hagenaar J. The use and interpretation of SPT results for the determination of axial bearing capacities of piles driven into carbonate soils and coral: Proceeding of the Second European Symposium on Penetration Testing [C]. Amsterdam, the Netherlands, 1982.

[6] Dutt R N, Ingram W B. Bearing capacity of jack-up footings in carbonate granular sediments: Proceedings, International Conference on Calcareous Sediments [C]. Australia: Perth, 1988.

[7] Wiltsie E A, Hulett J M, Murff J D, et al. Foundation design for external strut strengthening system for Bass Strait first generation platforms: Proceedings, International Conference on Calcareous Sediments [C]. Australia: Perth, 1988.

[8] 刘崇权，杨志强，汪稔．钙质土力学性质研究现状与进展［J］．岩土力学，1995（4）：74-84.

[9] Alba J L, Audibert J M E. Pile design in calcareous and carbonaceous granular materials: an historical overview: Proc. of the 2nd International Conference on Calcareous Sediments [C]. Bahrain, 1999.

[10] Wess J A, Chamberlin R S. Khazzan Dubai No. 1: Pile Design and Installation [J]. Journal of Soil Mechanics and Foundation Division, 1971, 10 (97): 1415-1429.

[11] Angemeer J, Carlson E, Klick J. Techniques and results of offshore pile load testing in the calcareous soils: The 5th Annual Offshore Technology Conference [C]. Houston, 1973.

[12] Matos S F, Mello J R. Pilling of Garoupa Plarform: The14th Annual Offshore Technology Conference [C]. Houston, 1982.

[13] King R, Lodge M. North west shelf development—the foundation engineering challenge: Proceedings, International Conference on Calcareous Sediments [C]. Australia: Perth, 1988.

[14] Oda M. Initial fabrics and their relations to mechanical properties of granular material [J]. Soils and Foundations, 1972, 1 (12): 17-36.

[15] 沈珠江．土体结构性的数学模型——21世纪土力学的核心问题［J］．岩土工程学报，1996，1（18）：95-97.

[16] 沈珠江．现代土力学的基本问题［J］．力学与实践，1998，6（20）：1-6.

[17] 周健，贾敏才．土工细观模型试验与数值模拟［M］．北京：科学出版社，2008.

[18] 王新志，王星，翁贻令，等．钙质砂的干密度特征及其试验方法研究［J］．岩土力学，

2016 (s2): 316-322.

[19] 陈海洋，汪稔，李建国，等．钙质砂颗粒的形状分析［J］．岩土力学，2005，26（9）：1389-1392.

[20] Pham H H G, Van Impe P, Van Impe W, et al. 3D particle shape of calcareous sand conducted by X-Ray computed tomography: In The 2nd World Congress on Civil, Structural, and Environmental Engineering (CSEE'17) [C]. Barcelona, Spain, 2017.

[21] Pham H H G, Van Impe P, Van Impe W, et al. Effects of particle characteristics on shear strength of calcareous sand [J]. Acta Geotechnica Slovenica, 2017.

[22] 汪轶群，洪义，国振，等．南海钙质砂宏细观破碎力学特性［J］．岩土力学，2018，39（1）：199-206，215.

[23] 金宗川．钙质砂的休止角研究与工程应用［J］．岩土力学，2018，39（7）：2583-2590.

[24] 任玉宾，王胤，杨庆．颗粒级配与形状对钙质砂渗透性的影响［J］．岩土力学，2018（2）：491-497.

[25] 吴野，王胤，杨庆．考虑钙质砂细观颗粒形状影响的液体拖曳力系数试验［J］．岩土力学，2018，39（9）：3203-3212.

[26] 王胤，周令新，杨庆．基于不规则钙质砂颗粒发展的拖曳力系数模型及其在细观流固耦合数值模拟中应用［J］．岩土力学，2019，5（40）：2009-2015.

[27] 沈扬，沈雪，俞演名，等．粒组含量对钙质砂压缩变形特性影响的宏细观研究［J］．岩土力学，2019，40（10）：3733-3740.

[28] 马成昊，朱长歧，刘海峰，等．土的颗粒形貌研究现状及展望［J］．岩土力学，2021，42（8）：2041-2058.

[29] 田朝阳，兰恒星，刘鑫．考虑形貌特征和级配影响的钙质砂压缩破碎力学特性研究［J］．工程地质学报，2021，29（6）：1700-1710.

[30] 胡聪，龙志林，旷杜敏，等．基于多视角二维图像的钙质砂颗粒三维重构方法［J］．岩土力学，2022，43（3）：761-768.

[31] 孙越．钙质砂颗粒破碎与形状演化研究［D］．重庆：重庆大学，2022.

[32] 王瑞，郭聚坤，尹斌，等．钙质砂颗粒形状及破碎特性试验研究［J］．海洋工程，2022，40（5）：158-166.

[33] 刘鑫，李飒，尹福顺，等．基于动态图像技术的南海钙质土颗粒形态特征研究［J］．岩土工程学报，2023，45（3）：590-598.

[34] 李钒，陈远中，廖洁，等．颗粒形状对钙质砂最终级配影响的试验研究［J］．河海大学学报（自然科学版），2023，51（4）：41-45，71.

[35] 万佳怡，孔德琼，苏思杨，等．南海钙质砂微观构造三维图像分析与表征［J］．中南大学学报（自然科学版），2023，54（1）：220-228.

[36] 黄良，刘鑫，兰恒星．钙质砂特征形状分析及不排水剪切强度研究［J］．工程地质学报，2024，32（2）：378-386.

[37] 虞海珍，汪稔．钙质砂动强度试验研究［J］．岩土力学，1999，20（4）：6-11.

[38] 孙吉主，黄明利，汪稔．内孔隙与各向异性对钙质砂液化特性的影响［J］．岩土力学，2002，23（2）：166-169.

[39] 朱长歧，陈海洋，孟庆山，等．钙质砂颗粒内孔隙的结构特征分析［J］．岩土力学，2014，35（7）：1831-1836.
[40] 陈海洋．钙质砂的内孔隙研究［D］．武汉：中国科学院武汉岩土力学研究所，2005.
[41] 汪正金．钙质砂微结构特征与力学特性的耦合关系研究［D］．吉林：吉林大学，2014.
[42] 姜璐，范建华，汪正金．不同含水量下钙质砂孔隙微结构的研究［J］．中国水运（下半月），2015，15（4）：315-316.
[43] 蒋明镜，吴迪，曹培，等．基于SEM图片的钙质砂连通孔隙分析［J］．岩土工程学报，2017，39（增刊1）：1-5.
[44] 曹培，丁志军．基于MIP和CT试验的钙质砂孔隙分布特征研究［J］．水利与建筑工程学报，2019，17（3）：55-59.
[45] 周博，库泉，吕珂臻，等．钙质砂颗粒内孔隙三维表征［J］．天津大学学报，2019，52（z1）：41-48.
[46] 崔翔，胡明鉴，朱长歧，等．珊瑚砂三维孔隙微观特性研究［J］．岩土力学，2020，41（11）：3632-3640，3686.
[47] 孙广，王志兵，徐一峻，等．钙质砂孔隙特征的表征方法研究［J］．济南大学学报（自然科学版），2022，36（6）：703-710.
[48] Coop M R. The mechanics of uncemented carbonate sands［J］. Géotechnique，1990，40（4）：607-626.
[49] 吴京平，褚瑶，楼志刚．颗粒破碎对钙质砂变形及强度特性的影响［J］．岩土工程学报，1997，5（19）：51-57.
[50] 刘崇权，汪稔．钙质砂在三轴剪切中颗粒破碎评价及其能量公式［J］．工程地质学报，1999（4）：366.
[51] 孙吉主，汪稔．钙质砂的颗粒破碎和剪胀特性的围压效应［J］．岩石力学与工程学报，2004（4）：641-644.
[52] 胡波．三轴条件下钙质砂颗粒破碎力学性质与本构模型研究［D］．武汉：中国科学院武汉岩土力学研究所，2008.
[53] 张家铭，张凌，蒋国盛，等．剪切作用下钙质砂颗粒破碎试验研究［J］．岩土力学，2008，29（10）：2789-2793.
[54] 张家铭，蒋国盛，汪稔．颗粒破碎及剪胀对钙质砂抗剪强度影响研究［J］．岩土力学，2009，30（7）：2043-2048.
[55] Donohue S，O′Sullivan C，Long M. Particle breakage during cyclic triaxial loading of a carbonate sand［J］. Géotechnique，2009，5（59）：477-482.
[56] 王亚松，马林建，李增，等．钙质砂强度与变形机制研究［J］．防护工程，2018，40（4）：31-35.
[57] 王新志，翁贻令，王星，等．钙质土颗粒咬合作用机制［J］．岩土力学，2018，39（9）：3113-3120.
[58] 王刚，查京京，魏星．循环三轴应力路径下钙质砂颗粒破碎演化规律［J］．岩土工程学报，2019，41（4）：755-760.
[59] 何绍衡，夏唐代，李玲玲，等．温度效应对珊瑚礁砂抗剪强度和颗粒破碎演化特性的影

响研究［J］. 岩石力学与工程学报，2019，12（38）：2535-2549.
［60］何绍衡，刘志军，夏唐代，等. 长期循环荷载下珊瑚砂累积变形特性试验研究［J］. 岩土工程学报，2019，S2（41）：161-164.
［61］蔡正银，侯贺营，张晋勋，等. 考虑颗粒破碎影响的珊瑚砂临界状态与本构模型研究［J］. 岩土工程学报，2019，41（6）：989-995.
［62］蔡正银，侯贺营，张晋勋，等. 密度与应力水平对珊瑚砂颗粒破碎影响试验研究［J］. 水利学报，2019，50（2）：184-192.
［63］Shinjo T. Effects of particle breakage on compressibility of coral sand［J］. Science Bulletin of the College of Agriculture University of Ryukyus，1999（46）：83-92.
［64］张家铭，汪稔，石祥锋，等. 侧限条件下钙质砂压缩和破碎特性试验研究［J］. 岩石力学与工程学报，2005，24（18）：3327-3331.
［65］蒋礼. 南海钙质砂破碎力学特性研究［D］. 成都：成都理工大学，2014.
［66］秦月，姚婷，汪稔，等. 基于颗粒破碎的钙质沉积物高压固结变形分析［J］. 岩土力学，2014（11）：3123-3128.
［67］Xiao Y，Liu H L，Chen Q S，et al. Particle breakage and deformation of carbonate sands with wide range of densities during compression loading process［J］. Acta Geotechnica，2017：1-8.
［68］张小燕，蔡燕燕，王振波，等. 珊瑚砂高压力下一维蠕变分形破碎及颗粒形状分析［J］. 岩土力学，2018，39（5）：1573-1580.
［69］马启锋，刘汉龙，肖杨，等. 高应力作用下钙质砂压缩及颗粒破碎特性试验研究［J］. 防灾减灾工程学报，2018，38（6）：1020-1025.
［70］纪文栋，张宇亭，裴文斌，等. 加载方式和应力水平对珊瑚砂颗粒破碎影响的试验研究［J］. 岩石力学与工程学报，2018，37（8）：1953-1961.
［71］彭宇，丁选明，肖杨，等. 基于染色标定与图像颗粒分割的钙质砂颗粒破碎特性研究［J］. 岩土力学，2019，40（7）：2663-2672.
［72］张丙树，顾凯，李金文，等. 钙质砂破碎过程及其微观机制试验研究［J］. 工程地质学报，2020，28（4）：725-733.
［73］李彦彬，李飒，刘小龙，等. 颗粒破碎对钙质砂压缩特性影响的试验研究［J］. 工程地质学报，2020，2（28）：352-359.
［74］Coop M，Sorensen K，Bodas Freitas T，et al. Particle breakage during shearing of a carbonate sand［J］. Géotechnique，2004，3（54）：157-163.
［75］何建乔，魏厚振，孟庆山，等. 大位移剪切下钙质砂破碎演化特性［J］. 岩土力学，2018，39（1）：165-172.
［76］黄宏翔，陈育民，王建平，等. 钙质砂抗剪强度特性的环剪试验［J］. 岩土力学，2018，39（6）：2082-2088.
［77］张小燕，蔡燕燕，周浩燃，等. 珊瑚砂大剪切应变下的剪切特性和分形维数［J］. 岩土力学，2019，40（2）：610-615，623.
［78］柴维，龙志林，旷杜敏，等. 直剪剪切速率对钙质砂强度及变形特征的影响［J］. 岩土力学，2019，S1（40）：359-366.

[79] 纪文栋，张宇亭，王洋，等．循环单剪下珊瑚钙质砂和普通硅质砂剪切特性对比研究［J］．岩土力学，2018（S1）：282-288.

[80] Nakata Y，Kato Y，Hyodo M，et al. One-dimensional compression behaviour of uniformly graded sand related to single particle crushing strength［J］．Soils and Foundations，2001，2（41）：39-51.

[81] 马林建，李增，罗棕木，等．珊瑚颗粒力学特性应变率效应试验研究［J］．岩土力学，2019，40（12）：4637-4643.

[82] 蒋明镜，杨开新，陈有亮，等．南海钙质砂单颗粒破碎试验研究［J］．湖南大学学报（自然科学版），2018，45（S1）：150-155.

[83] 蒋明镜，许泽伟，刘俊，等．循环荷载下钙质砂单颗粒破碎试验研究［J］．天津大学学报，2019，52（z1）：23-28.

[84] 尹振宇，许强，胡伟．考虑颗粒破碎效应的粒状材料本构研究：进展及发展［J］．岩土工程学报，2011，12（34）：2170-2180.

[85] Zhang S，Tong C，Li X，et al. A new method for studying the evolution of particle breakage［J］．Géotechnique，2015，11（65）：911-922.

[86] 张季如，张弼文，胡泳，等．粒状岩土材料颗粒破碎演化规律的模型预测研究［J］．岩石力学与工程学报，2016，35（9）：1898-1905.

[87] 朱长歧，周斌，刘海峰．胶结钙质土的室内试验研究进展［J］．岩土力学，2015，36（2）：311-319.

[88] Mcclelland B. Calcareous sediments and engineering enigma，engineering for calcareous sediments［M］．Rotterdam，1998.

[89] King R，Lodge M. North west shelf development—the foundation engineering challenge：Proc. Int. Conf. Calcareous Sediments［C］．1988.

[90] Poulos H G，Davis E H. Pile foundation analysis and design［J］．New York，Wiley & Sons，1988：150-163.

[91] 朱长歧，周斌，刘海峰．天然胶结钙质土强度及微观结构研究［J］．岩土力学，2014，35（6）：1655-1663.

[92] Liu L，Liu H L，Xiao Y，et al. Biocementation of calcareous sand using soluble calcium derived from calcareous sand［J］．Bulletin of Engineering Geology and the Environment，2017：1-11.

[93] Shen Y，Zhu Y H，Liu H L，et al. Macro-meso effects of gradation and particle morphology on the compressibility characteristics of calcareous sand［J］．Bulletin of Engineering Geology and the Environment，2017：1-9.

[94] Poulos H G. Bearing capacity of foundations on calcareous sand：Poulos，H G；Chua E W University of Sydney School of Civil and Mining Engineering research report R515，Jan 1986，22P［J］．International Journal of Rock Mechanics and Mining Sciences & Geomechanics Abstracts，1987，24（3）：114.

[95] 王新志，汪稔，孟庆山，等．钙质砂室内载荷试验研究［J］．岩土力学，2009，30（1）：147-151.

[96] 杨永康，杨武，丁学武，等．西沙群岛珊瑚碎屑砂承载力特性试验研究［J］．广州大学学报（自然科学版），2017，16（3）：61-66.
[97] 王新志，王星，刘海峰，等．珊瑚礁地基工程特性现场试验研究［J］．岩土力学，2017，38（7）：2065-2070.
[98] 居炎飞，明道贵．珊瑚混合土地基承载力特性评价［J］．地下空间与工程学报，2017，13（S2）：684-687.
[99] 王勇．浅基础地基模型试验研究［D］．西安：长安大学，2006.
[100] 顾宝和，周红，朱小林．深层平板静力载荷试验测定土的变形模量［J］．工程勘察，2000（4）：1-2，6.
[101] 高大钊，徐超，熊启东．天然地基上的浅基础［M］．北京：机械工业出版社，2002.
[102] 郭莹，董秀竹，栾茂田．《建筑地基基础设计规范》承载力的确定方法研究［J］．岩土力学，2002，23（4）：474-477.
[103] 建设部综合勘察研究设计院．GB 50021—2024 岩土工程勘察规范［S］．北京：中国建筑工业出版社，2024.
[104] 张玉成，杨光华，胡海英，等．载荷试验尺寸效应及地基承载力确定方法探讨［J］．岩土力学，2016，37（增刊 2）：263-272.
[105] 周镜．岩土工程中的几个问题［J］．岩土工程学报，1999，21（1）：2-8.
[106] 陈照亮．相对密度对地基承载力实验中基础尺寸效应影响研究［D］．青岛：中国海洋大学，2009.
[107] 张文龙，张辉，陈国栋，等．内蒙古地区粉细砂地基平板载荷试验尺寸效应研究［J］．岩土工程学报，2010，32（增刊 2）：492-495.
[108] 中国建筑科学研究院．GB 50007—2011 建筑地基基础设计规范［S］．北京：中国建筑工业出版社，2011.
[109] 马庆宏．（加筋）无黏性土斜坡地基承载力模型试验研究［D］．合肥：合肥工业大学，2014.
[110] 隋风涛．浅基础地基承载力的确定［D］．保定：河北农业大学，2010.
[111] 于海明．榆树冲积洪积台地区地基承载力研究［D］．长春：吉林建筑大学，2016.
[112] 王众．利用原位测试数据确定浙江省天然地基土承载力的研究［D］．杭州：浙江大学，2006.
[113] 丁振杰．淮北地区公路地基承载力及检测方法的研究［D］．合肥：合肥工业大学，2006.
[114] 张珂，贾永刚，刘正银，等．黄河三角洲地区地基承载力的确定［J］．岩土力学，2007，28（2）：420-422.
[115] 单红仙，陈勇，刘正银，等．现代黄河三角洲粉质类土承载力确定［J］．岩石力学与工程学报，2006，25（增刊 2）：4089-4096.
[116] 赵健．软土地基强度试验研究及其增长计算理论［D］．长沙：中南大学，2010.
[117] 杨秀竹，雷金山，肖武权．软土地基承载力原位测试及其相关性研究［J］．岩土力学，2003，24（增刊）：563-565.
[118] 庞旭卿．路基黄土强度特性与地基承载力研究［D］．西安：长安大学，2007.

[119] 祝树根．地基基础测试新技术［M］．北京：机械工业出版社，1999.
[120] 铁道部第一勘测设计院．工程地质试验手册［M］．北京：中国铁道出版社，1995.
[121] 兰嵩．黄土地基中旁压试验的结果分析及应用研究［D］．西安：西安建筑科技大学，2010.
[122] 李君韬．基于旁压试验和静力触探估算地基承载力和压缩模量［D］．北京：中国地质大学（北京），2016.
[123] 胡建华，汪稔，周平，等．旁压仪在地基工程原位测试中的应用及其成果分析［J］．岩土力学，2003，24（增刊）：418-422.
[124] 柏巍，孔令伟，郭爱国，等．红黏土地基承载力和变形参数的空间分布特征分析［J］．岩土力学，2010，31（增刊2）：164-169.
[125] 李广信．高等土力学［M］．北京：清华大学出版社，2004.
[126] Mikasa M. Model testing in soil engineering［J］. Soil Mechanics and Foundation Engineering，1980，28（5）：1-2.
[127] 马庆宏，朱大勇，雷先顺，等．无黏性土斜坡地基承载力模型试验研究［J］．岩土工程学报，2014，36（7）：1271-1280.
[128] 马庆宏，朱大勇，雷先顺，等．加筋无黏性土斜坡地基承载力模型试验研究［J］．岩石力学与工程学报，2015，34（5）：1049-1059.
[129] Keskin M S，Laman M. Model studies of bearing capacity of strip footing on sand slope［J］. KSCE Journal of Civil Engineering，2013，17（4）：699-711.
[130] 柳飞．砂土地基承载力离心模型试验研究［D］．青岛：中国海洋大学，2006.
[131] 柳飞．模型试验中地基材料粒径与基础尺寸效应［D］．青岛：中国海洋大学，2010.
[132] 柳飞，杨俊杰，刘红军，等．离心模型试验模拟平板载荷试验研究［J］．岩土工程学报，2007，29（6）：880-886.
[133] 周中，傅鹤林，李亮．圆形浅基础地基承载力的理论解［J］．长沙铁道学院学报，2002（3）：12-16.
[134] 李伟，熊巨华，杨敏．方形浅基础地基极限承载力的理论解［J］．同济大学学报（自然科学版），2004（10）：1325-1327.
[135] 王祥秋，杨林德，高文华．基于双剪统一强度理论的条形地基承载力计算［J］．土木工程学报，2006（1）：79-82.
[136] 王哲，王国才，陈禹，等．矩形浅基础地基极限承载力的理论解［J］．岩土力学，2008，29（4）：1001-1004.
[137] 刘拴奇，卢坤林，朱大勇，等．圆形基础地基极限承载力计算［J］．工程地质学报，2015（5）：1005-1012.
[138] 范文，白晓宇，俞茂宏．基于统一强度理论的地基极限承载力公式［J］．岩土力学，2005（10）：96-101.
[139] 高江平，俞茂宏，李四平．太沙基地基极限承载力的双剪统一解［J］．岩石力学与工程学报，2005（15）：2736-2740.
[140] 隋凤涛，王士杰．统一强度理论在地基承载力确定中的应用研究［J］．岩土力学，2011，32（10）：3038-3042.

[141] 赵成刚，白冰，王运霞．土力学原理［M］．北京：清华大学出版社，2004.
[142] 陈仲颐，叶书麟．基础工程学［M］．北京：中国建筑工业出版社，1995.
[143] 洪毓康．土质与土力学［M］．2 版．北京：人民交通出版社，1993.
[144] 顾晓鲁，钱鸿缙，刘惠珊，等．地基与基础［M］．2 版．北京：中国建筑工业出版社，1995.
[145] 张家铭，汪稔，张阳明，等．土体颗粒破碎研究进展［J］．岩土力学，2003，24（增刊）：661-665.
[146] 单华刚，汪稔．钙质砂中的桩基工程研究进展述评［J］．岩土力学，2000（3）：299-304.
[147] 单华刚．珊瑚礁钙质土中桩基工程承载性状研究［J］．岩石力学与工程学报，2000（5）：561.
[148] 江浩，汪稔，吕颖慧，等．钙质砂中模型桩的试验研究［J］．岩土力学，2010（3）：780-784.
[149] 陈兆林，孙国峰，唐筱宁，等．岛礁工程海水拌养珊瑚礁、砂混凝土修补与应用研究［J］．海岸工程，2008（4）：60-69.
[150] 陈兆林，唐筱宁，孙国峰，等．海水拌养混凝土耐久性试验与应用［J］．海洋工程，2008（4）：102-106.
[151] 水利部水利水电规划设计总院，南京水利科学研究院．GB/T 50123—2019 土工试验方法标准［S］．北京：中国计划出版社，2019.
[152] 朱崇辉，严宝文，刘俊民，等．超粒径粗粒土最大干密度试验研究［J］．岩石力学与工程学报，2007（S2）：4090-4094.
[153] 郭庆国，刘贞草．确定大径粗粒土最大密度的近似方法［J］．水资源与水工程学报，1992（1）：12-21.
[154] 史彦文．大粒径砂卵石最大密度的研究［J］．土木工程学报，1981（2）：53-58.
[155] 余强，姜振春．珊瑚礁砾石土压实特性试验研究［J］．土工基础，2015（1）：106-109.
[156] 范孟华，邹正伟．改进砂的相对密度试验方法的建议［J］．路基工程，2007（5）：67-68.
[157] 范孟华，孔德志．砂相对密度试验方法的改进［J］．岩矿测试，2007（5）：428-430.
[158] 交通运输部公路科学研究所．JTG 3430—2020 公路土工试验规程［S］．北京：人民交通出版社，2020.
[159] 汪稔，宋朝景，朱长歧．南沙群岛珊瑚礁工程地质［M］．北京：科学出版社，1997.
[160] Dolwin J，Khorshid M S，Goudoever P V. Evaluation of driven pile capacity-methods and results：Proceedings，International Conference on Calcareous Sediments［C］．Australia：Perth，1988.
[161] Nauroy J F，Le T P. Model tests of piles in calcareous sands：Proceedings，Conference on Geotechnical Practice in Off shore Engineering［C］．Australia：Texas，1983.
[162] 黄文熙．土的工程性质［M］．北京：水利电力出版社，1983.
[163] Andrawes K Z，EI-Sohby M A. Factors affecting coefficient of earth pressure K_0［J］．Journal

of Geotechnical and Geoenvironmental Engineering Division, ASCE, 1973, 99 (7): 527-539.

[164] Guo P. Effect of density and compressibility on K_0 of cohesionless soils [J]. Acta Geotechnica, 2010, 5 (4): 225-238.

[165] Boyd J L, Sivakumar V. Experimental observations of the stress regime in unsaturated compacted clay when laterally confined [J]. Géotechnique, 2011, 61 (4): 345-363.

[166] Northcutt S, Wijewickreme D. Effect of particle fabric on the coefficient of lateral earth pressure observed during one-dimensional compression of sand [J]. Canadian Geotechnical Journal, 2013, 50 (3): 457-466.

[167] Hayashi H, Yamazoe N, Mitachi T, et al. Coefficient of earth pressure at rest for normally and overconsolidated peat ground in Hokkaido area [J]. Soils and Foundations, 2012, 52 (2): 299-311.

[168] Brooker E W, Ireland H O. Earth pressures at rest related to stress history [J]. Canadian Geotechnical Journal, 1965, 2 (1): 1-15.

[169] Mayne P W, Kulhawy F H. k_0-OCR relationships in soil [J]. Journal of the Geotechnical Engineering Division, 1982, 108 (6): 851-872.

[170] Schmidt B. Discussion of earth pressures at rest related to stress history [J]. Canadian Geotechnical Journal, 1966, 3 (4): 239-242.

[171] Schmidt B. Earth pressure at rest related to stress history [J]. Canadian Geotechnical Journal, 1966, 3 (4): 239-242.

[172] Watabe Y, Tanaka M, Tanaka H, et al. K_0-consolidation in a triaxial cell and evaluation of in-situ K_0 for marine clays with various characteristics [J]. Soils and Foundations, 2003, 43 (1): 1-20.

[173] Sivakumar V, Navaneethan T, Hughes D, et al. An assessment of the earth pressure coefficient in overconsolidated clays [J]. Géotechnique, 2009, 59 (10): 825-838.

[174] Xu Z W, Zeng K H, Wei Z, et al. "Nonlinear" characteristics of the static earth pressure coefficient in thick alluvium [J]. Mining Science and Technology, 2009, 19 (1): 129-132.

[175] 王衍森，贾锦波，陈国庆，等．深部重塑黏土长时高压 K_0 固结试验研究 [J]．采矿与安全工程学报，2017 (6)：1169-1173.

[176] 李文平，张志勇，孙如华，等．深部粘土高压 K_0 蠕变试验及其微观结构各向异性特点 [J]．岩土工程学报，2006 (10)：1185-1190.

[177] 王秀艳，唐益群，臧逸中，等．深层土侧向应力的试验研究及新认识 [J]．岩土工程学报，2007 (3)：430-435.

[178] 马金荣，秦勇，周国庆．黏土的高压三轴剪切特性研究 [J]．中国矿业大学学报，2008 (2)：176-179.

[179] 赵玉花，沈日庚，李青．软黏土侧压力系数 K_0 阶段性特征研究 [J]．岩土力学，2008 (5)：1264-1268.

[180] 杨和平，章高峰，张锐，等．宁明非饱和膨胀土静止侧压力系数 [J]．长沙理工大学

学报（自然科学版），2009（1）：1-5.

[181] 陈存礼，贾亚军，金娟，等．含水率及应力对原状黄土静止侧压力系数的影响［J］．岩石力学与工程学报，2017（S1）：3535-3542.

[182] 徐志英．淤泥的某些力学性质之研究［J］．水利学报，1958（2）：88-99.

[183] 徐志英．土的静止侧压力系数之测定［J］．土木工程学报，1957，4（2）：197-209.

[184] 张文博．侧限及三轴应力条件下增湿时黄土的变形土水特征及渗水特性研究［D］．西安：西安理工大学，2017.

[185] 付泓锐．炭质泥岩填料静止侧压力系数试验研究［J］．五邑大学学报（自然科学版），2017（3）：67-72.

[186] Terzaghi K. Earth pressure on horizontal circular conduits, department of public works amsterdam, section of sewerage works: 2d international conference soil mechanics & foundation engineering [C]. 1948.

[187] Terzaghi K, Peck R B. Soil mechanics in engineering practice [M]. New York: Wiley John, 1948.

[188] 耶罗波尔斯基．地基与基础［M］．北京：地质出版社，1954.

[189] 肖先波．含气砂土静止侧压力系数的试验研究［J］．水文地质工程地质，2010（2）：76-78.

[190] 姚晓亮，齐吉琳，余帆．冻土静止侧压力系数的试验研究［J］．地下空间与工程学报，2011（6）：1108-1113.

[191] 郝建云．砂泥岩混合料压缩变形特性及 K_0 系数试验研究［D］．重庆：重庆交通大学，2014.

[192] Tschebotarioff G P. Soil mechanics, foundations, and earth structures [J]. Mc Graw-Hill, 1951.

[193] Wang X, Zhu C Q, Wang X Z, et al. Study of dilatancy behaviors of calcareous soils in triaxial test [J]. Marine Georesources & Geotechnology, 2019.

[194] 钱琨，王新志，陈剑文，等．南海岛礁吹填钙质砂渗透特性试验研究［J］．岩土力学，2017（6）：1557-1564.

[195] Terzaghi C. Discussion of Lateral earth pressure: The accurate experimental determination of the lateral earth pressure, together with a resume of previous experiments [J]. Transactions of the American Society of Civil Engineers, 1923, 86: 1525-1543.

[196] Rowe P W. A stress-strain theory for cohesionless soil with applications to earth pressures at rest and moving walls [J]. Géotechnique, 1954, 4 (2): 70-88.

[197] Rowe P W. General report on papers in section I. Proceedings of a Conference on Earth Pressure Problems [C], Brussels, Belgium., 1958.

[198] Abdelhamid M S, Krizek R J. At-rest lateral earth pressure of consolidating clay [J]. Journal of the Géotechnical Engineering Division, 1976, 102 (7): 721-738.

[199] Hayat T M. The coefficient of earth pressure at rest [D]. Champaign: University of Illinois at Urbana, 1992.

[200] Simpson B. Retaining structures: displacement and design [J]. Géotechnique, 1992, 42 (4): 541-576.

[201] Federico A, Elia G, Germano V. A short note on the earth pressure and mobilized angle of internal friction in one-dimensional compression of soils [J]. Journal of Geoengineering, 2008, 3 (1): 41-46.

[202] Jaky J. The coefficient of earth pressure at rest [J]. Journal of the Society of Hungarian Architects and Engineers, 1944, 78 (22): 352-358.

[203] Jaky J. Pressure in silos [C]. Balkema, Rotterdam, Ntherlands. , 1948.

[204] Fraser A M. The influence of stress ratio on compressibility and pore pressure coefficients in compacted soils [D]. University of London, 1957.

[205] Hendron A J. The behavior of sand in one-dimensional compression [D]. Champaign: University of Illinois, 1963.

[206] Saglamer A. Soil parameters Affecting coefficient of earth pressure at-rest of cohesionless soils [C]. Turkiya Bilimsel ve Teknik Arasfirma Kurumu, Ankara, Torkey, 1975.

[207] Matsuoka H, Sakakibara K. Constitutive model for sands and clays evaluating principal stress rotation [J]. Soils and Foundations, 1987, 27 (4): 73-88.

[208] Bolton M. A guide to soil mechanics [M]. The Macmillan Press, 1991.

[209] 史宏彦，谢定义. 用应力矢量本构模型确定无粘性土的静止土压力系数 [J]. 岩石力学与工程学报，2000 (6): 766-769.

[210] 史宏彦，谢定义，汪闻韶. 确定无粘性土静止土压力系数的一个理论公式 [J]. 水利学报，2001 (4): 85-88.

[211] Aziz E S M A, Taha Y K, Eweada S N. Theoretical study of earth pressure at-rest for sandy soils [J]. Journal of Engineering Sciences, 2011, 39 (1): 1-13.

[212] 强跃，赵明阶，林军志，等. 静止土压力系数探究 [J]. 岩土力学，2013 (3): 727-730.

[213] Uncuoglu E, Laman M, Saglamer A, et al. Prediction of lateral effective stresses in sand using artificial neural network [J]. Soil and Foundation, 2008, 48 (2): 141-153.

[214] 李毅，谢利利，王名福，等. 粉体颗粒形貌特征的提取与识别技术 [J]. 重庆大学学报（自然科学版），2000 (5): 67-69.

[215] Hentschel M L, Page N W. Selection of Descriptors for Particle Shape Characterization [J]. Particle & Particle Systems Characterization, 2010, 20 (1): 25-38.

[216] 张家发，叶加兵，陈劲松，等. 碎石颗粒形状测量与评定的初步研究 [J]. 岩土力学，2016, 37 (2): 343-349.

[217] 刘清秉，项伟，Budhu M，等. 砂土颗粒形状量化及其对力学指标的影响分析 [J]. 岩土力学，2011, 32 (S1): 190-197.

[218] 张建民. 砂土的可逆性和不可逆性剪胀规律 [J]. 岩土工程学报，2000 (1): 15-20.

[219] 钱家欢，殷宗泽. 土工原理与计算 [M]. 北京：中国水利水电出版社，1996.

[220] Reynolds O. On the dilatancy of media composed of rigid particles in contact [J]. Philosophy Magnement, 1885, 5 (20): 469-481.

[221] Casagrande A. The shearing resistance of soils and its relation to the stability of earth dams: Pro. Soils Found Conference [C]. 1938.

[222] Casagrande A. Characteristics of cohesionless soils affecting the stability of slopesand earthfills [J]. Journal of the Boston Society of Civil Engineering, 1936, 23 (1): 257-276.
[223] Wan R G, Guo R G. A pressure and density dependent dilatancy model for granular materials [J]. Journal of Engineering, 1999, 39 (6): 1-12.
[224] Li X S, Dafalias Y F. Dilatancy for cohesionless soils [J]. Getechnique, 2001, 50 (4): 449-460.
[225] Lee J, Eun J, Lee K, et al. In-situ evaluation of strength and dilatancy of sands based on CPT results [J]. Soils and Foundations, 2008, 48 (2): 255-265.
[226] Liu S, Matsuoka H. Microscopic interpretation on a stress-dilatancy relationship of granular materials [J]. Soils and Foundations, 2003, 43 (3): 73-84.
[227] Powrie W, Ni Q, Harkness R, et al. Numerical modelling of plane strain tests on sands using a particulate approach [J]. Géotechnique, 2005, 55 (4): 297-306.
[228] Yang J, Li X S. State-dependent strength of sands from the perspective of unified modeling [J]. Journal of Geotechnical and Geoenvironmental Engineering, ASCE, 2004, 130 (2): 186-198.
[229] Been K, Jefferies M. Stess-dilatancy in very loose sand [J]. Canadian Geotechnical Journal, 2004, 41 (5): 972-989.
[230] Shamoto Y, Zhang J M, Goto S. Mechanism of large post-liquefaction deformation in saturated sand [J]. Soils and Foundations, 1997, 37 (2): 71-81.
[231] 王运霞，赵成刚．状态参量与砂土剪胀性判别方法 [J]. 北京工业大学学报，2011，37 (5): 718-723.
[232] 孙吉主，罗新文．考虑剪胀性与状态相关的钙质砂双屈服面模型研究 [J]. 岩石力学与工程学报，2006，25 (10): 2145-2149.
[233] 姜景山，陈展林，左永振，等．粗粒土剪胀性大型三轴试验研究 [J]. 岩土力学，2014，35 (11): 3129-3138.
[234] 姜景山，刘汉龙，陈展林，等．密度和围压对粗粒土力学性质的影响 [J]. 长江科学院院报，2009，26 (8): 46-50.
[235] 褚福永，朱俊高，殷建华．基于大三轴试验的粗粒土剪胀性研究 [J]. 岩土力学，2013 (8): 2249-2254.
[236] Xiao Y, Liu H, Chen Y, et al. Influence of Intermediate Principal Stress on the Strength and Dilatancy Behavior of Rockfill Material [J]. Journal of Geotechnical & Geoenvironmental Engineering, 2014, 140 (11): 1-15.
[237] 吴京平，楼志刚．海洋桩基工程中的钙质土 [J]. 海洋工程，1996，14 (3): 74-82.
[238] 单华刚，汪稔，周曾辉．南沙群岛永暑礁工程地质特性 [J]. 海洋地质与第四纪地质，2000 (3): 31-36.
[239] Meng Q S, Wang R, Yu K F, et al. Undisturbed strata succession sampling technology and the engineering geological characteristics of an atoll in the Southern South China Sea [J]. Marine Georesources and Geotechnology, 2009, 27: 296-308.
[240] 王新志．南沙群岛珊瑚礁工程地质特性及大型工程建设可行性研究 [D]. 武汉：中国

科学院武汉岩土力学研究所，2008.
[241] 严与平，柯有青．浅谈珊瑚礁工程地质特性及地基处理［J］．资源环境与工程，2008，22（z2）：47-49.
[242] 王丽，鲁晓兵，王淑云，等．钙质砂的胶结性及对力学性质影响的实验研究［J］．实验力学，2009（2）：133-143.
[243] 单华刚，汪稔．珊瑚礁工程地质中的几个重要问题研究：中国地质学会［C］．北京，2000.
[244] 陈清运，孙吉主，汪稔．钙质砂声发射特征的三轴试验研究［J］．岩土力学，2009（7）：2027-2030.
[245] 王新志，王星，胡明鉴，等．吹填人工岛地基钙质粉土夹层的渗透特性研究［J］．岩土力学，2017（11）：3127-3135.
[246] Meyerhof G G. The ultimate bearing capacity of foundations［J］. Géotechnique，1951，2（4）：301-332.
[247] Hansen J B. A revised and extended formula for bearing capacity［J］. Danish Geotechnical Institute Bulletin，1970，28：5-11.
[248] Vesic A S. Analysis of ultimate loads on shallow foundations［J］. International Journal of Rock Mechanics and Mining Sciences，1973，99（1）：45-73.
[249] 郑大同．地基极限承载力的计算［M］．北京：中国建筑工业出版社，1979.
[250] 聂勇．方形浅基础地基极限承载力的理论新解及数值模拟［D］．长沙：中南大学，2010.
[251] 朱小军，熊巨华．矩形浅基础地基极限承载力的理论解［J］．岩土工程学报，2011，33（增刊1）：415-419.
[252] 李亮，杨小礼．圆形浅基础地基承载力极限分析的上限解析解［J］．铁道学报，2001（1）：94-97.
[253] 张国祥，付江山．基于极限分析的圆形浅基础地基承载力上限解［J］．岩土力学，2010（12）：3849-3854.
[254] 蒋益平，熊巨华．方形和圆形基础地基极限承载力分析［J］．岩土力学，2005（12）：1991-1995.
[255] 李洋洋，方祥位，黄雪峰，等．珊瑚砂地基平板载荷模型试验研究［J］．重庆理工大学学报（自然科学），2017（10）：114-121.
[256] 约瑟夫 E 波勒斯．基础工程分析与设计［M］．5 版．童小东，译．北京：中国建筑工业出版社，2004.
[257] Golder H Q. The ultimate bearing pressure of rectangular footings［J］. Journal of Institute for Civil Engineers，1941（17）：161-174.
[258] De Beer E E. The scale effect in the transposition of the results of deep-sounding tests on the ultimate bearing capacity of piles and caisson foundations［J］. Géotechnique，1963，13（1）：39-75.
[259] Yamaguchi H，Kimura T，Fujii N. On the scale effect of footings in dense sand：Proc 9th Int Conf Soil Mech.［C］. 1977.

[260] Pu J L, Ko H Y. Experimental determination of bearing capacity in sand by centrifuge footing tests: Centrifuge'88 [C]. 1988.

[261] 濮家骝，高汉核．浅基础承载力离心模型试验研究 [J]. 岩土工程学报，1988 (6): 1-18.

[262] Briaud J L, Gibbens R M. Predictedand measured behavior of five spread footings on sand: Proceedings of a Prediction Symposium Sponsored by the Federal Highway Administration, Settlement. ASCE Conference [C]. USA: Texas A & M University, 1994.

[263] 辛明静．浅层平板载荷试验影响因素研究 [D]. 兰州：兰州大学，2013.

[264] 王钟琦，樊颂华．工程地质手册 [M]. 2版．北京：中国建筑工业出版社，1982.

[265] Ovesen N K. Centrifugal testing applied to bearing capacity problems of footings on sand [J]. Géotechnique, 1975, 25 (2): 394-401.

[266] Graham J, Hovan J M. Stress characteristics for bearing capacity in sand using a critical state model [J]. Canadian Geotechnical Journal, 1986, 23 (2): 195-202.

[267] Bolton M D, Lau C K. Scale effects in the bearing capacity of granular soils: 12th Int. Conf. of Soil Mechanics and Foundation Engineering [C]. 1989.

[268] Hettler A, Gudehus G. Influence of the foundation width on the bearing capacity factor [J]. Soils & Foundations, 1988, 28 (4): 81-92.

[269] Kutter B L, Abghari A, Cheney J A. Strength Parameters for Bearing Capacity of Sand [J]. Journal of Geotechnical Engineering, 1988, 114 (4): 491-498.

[270] Kusakabe O, Yamaguchi H, Morikage A. Experiment and analysis on the scale effect of Nr for circular and rectangular footings: Centrifuge'91 [C]. Balkema, Rotterdam, 1991.

[271] Maeda K, Miura K. Confining stress dependency of mechanical properties of sands [J]. Journal of the Japanese Geotechnical Society, 1999, 39 (1): 53-67.

[272] Muhs H. On the phenomenon of progressive rupture in connection with the failure load: discussion: Proceedings of the 6th International Conference on Soil Mechanics and Foundations Engineering [C]. Montreal, Que, 1965.

[273] Kobayashi Y. Ultimate Bearing Capacity of Shallow Foundations and Contained Yielded Zone [M] //H D B E A. Deformation Characteristics of Geomaterials, 2003: 817-824.

[274] Steenfelt J S. Scale effect on bearing capacity factor Nr: Proceedings 9th Int. Conf. Soil Mechan. and Found. Eng. [C]. Tokyo, 1977.

[275] Tatsuoka F. Progressive failure and particle size effect in bearing capacity of footing on sand [J]. Asce Geotechnical Special Publication, 1991, 27.

[276] 杨俊杰，柳飞，丰泽康男，等．砂土地基承载力离心模型试验中的粒径效应研究 [J]. 岩土工程学报，2007 (4): 477-483.

[277] 李仁平．用双曲线切线模量方程计算地基非线性沉降 [J]. 岩土力学，2008 (7): 1987-1992.

[278] 黄仙枝．土工带加筋碎石垫层地基的试验、应用及理论研究 [D]. 太原：太原理工大学，2005.

[279] 黄仙枝，岂连生，白晓红．软土地基土工带加筋碎石垫层的应力扩散研究 [J]. 岩石

力学与工程学报，2004，23（17）：2992-2997.

［280］左广洲．加筋垫层承载机理与工程应用研究［D］．福州：福州大学，2006.

［281］刘毓氚，左广洲，陈福全．加筋垫层应力扩散特性试验研究［J］．岩土力学，2007（5）：903-908.

［282］郑俊杰，马强，韦永美，等．复合地基沉降计算与数值模拟分析［J］．华中科技大学学报（自然科学版），2010，38（8）：95-98.

［283］薛涛，刘文淑，姚宇阗，等．苏通大桥群桩基础应力扩散角反演分析［J］．河海大学学报（自然科学版），2010，38（1）：76-79.

［284］王贺，杨广庆，熊保林，等．模块面板式加筋土挡墙结构行为试验研究［J］．岩土力学，2016，37（2）：487-498.

［285］王贺，杨广庆，吴连海，等．墙顶荷载对加筋土挡墙工作特性影响的试验研究［J］．岩石力学与工程学报，2014，33（12）：2573-2581.

［286］赵树德．地基弹塑性承载力 $K\neq1.0$ 时的计算公式［J］．西安建筑科技大学学报，1995，27（3）：294-298.

［287］Pincus H J，Reznik Y M. A Method for Interpretation of Plate Load Test Results［J］．Geotechnical Testing Journal，1994，17（1）：72-79.

［288］杨光华，黄致兴，姜燕，等．地基承载力的双控确定方法［J］．岩土力学，2016（s2）：232-242.

［289］Li L，Jiang M J，Li T，et al. DEM analyses of the whole failure process of shallow foundation in plate load test on dense sand［C］．2015.

［290］Mollahasani A，Alavi A H，Gandomi A H. Empirical modeling of plate load test moduli of soil via gene expression programming［J］．Computers & Geotechnics，2011，38（2）：281-286.

［291］Mabrouki A，Benmeddour D，Frank R，et al. Numerical study of the bearing capacity for two interfering strip footings on sands［J］．Computers & Geotechnics，2010，37（4）：431-439.

［292］邓楚键，唐晓松，郑颖人，等．载荷试验有限元数值模拟［J］．岩土力学，2007，28（S1）：249-253.

［293］Cintra J C，Zornberg J G. Influence of Matric Suction on the Results of Plate Load Tests Performed on a Lateritic Soil Deposit［J］．Geotechnical Testing Journal，2003，26（2）：219-227.

［294］黄达，金华辉，吴雄伟．碎石土强夯加固效果荷载试验分析［J］．西南交通大学学报，2013，48（3）：435-440.

［295］Wang X Z，Tan F Y，Jiao Y Y，et al. A New Apparatus for Testing the Bearing Capacity of Calcareous Sand in Laboratory［J］．Marine Georesources & Geotechnology，2014，32（4）：379-386.

［296］刘钢，罗强，张良，等．铁路路基压实质量检测中的小型平板载荷试验分析［J］．岩土力学，2014，35（6）：1687-1694.

［297］许年春，吴同情，皮海洋，等．基于柔性承载板载荷试验的土抗剪强度参数反演研究

[J]. 岩土力学，2018（S1）：227-234.
[298] 许年春，吴同情，冯桥木，等．土变形模量的柔性承载板测试研究 [J]. 岩土力学，2017（S1）：496-500.
[299] 杨光华，王恩麒．基础宽度对地基承载力影响的数值分析 [J]. 岩土力学，2013（s2）：383-392.
[300] Beer D. Experimental Determination of the Shape Factors and the Bearing Capacity Factors of Sand [J]. Géotechnique，1970，20（4）：387-411.
[301] Bolton C K L. Vertical bearing capacity factors for circular and strip footings on Mohr-Coulomb soil [J]. Canadian Geotechnical Journal，1993，30（6）：1024-1033.
[302] Suits L D，Sheahan T C，Sitharam T G，et al. Behavior of Embedded Footings Supported on Geogrid Cell Reinforced Foundation Beds [J]. Geotechnical Testing Journal，2005，28（5）：452-463.
[303] Sitharam T G，Sireesh S，Dash S K. Model studies of a circular footing supported on geocell-reinforced clay [J]. Revue Canadienne De Géotechnique，2005，42（2）：693-703.
[304] Patra C R，Das B M，Atalar C. Bearing capacity of embedded strip foundation on geogrid-reinforced sand [J]. Geotextiles & Geomembranes，2005，23（5）：454-462.
[305] Davarifard S，Tafreshi S N M. Plate Load Tests of Multi-Layered Geocell Reinforced Bed Considering Embedment Depth of Footing [J]. Procedia Earth & Planetary Science，2015，15：105-110.
[306] Yamamoto K，Kusuda K. Failure mechanisms and bearing capacities of reinforced foundations [J]. Geotextiles & Geomembranes，2001，19（3）：127-162.
[307] Latha G M，Somwanshi A. Bearing capacity of square footings on geosynthetic reinforced sand [J]. Geotextiles & Geomembranes，2009，27（4）：281-294.
[308] Zhang L，Zhao M，Shi C，et al. Bearing capacity of geocell reinforcement in embankment engineering [J]. Geotextiles & Geomembranes，2010，28（5）：475-482.
[309] ASTM A S F T. ASTM D1194-94 Standard test method for bearing capacity of soil for static load and spread footing [S]. Philadelphia：1988.
[310] 娄俊庆，王宏宇，李晓光，等．中美平板载荷试验规程对比及试验研究 [J]. 工程地质学报，2014，22（6）：1058-1065.
[311] 秦振华．软土地基平板载荷试验稳定标准的研究 [J]. 岩土工程学报，2017（S2）：87-90.
[312] Ismael N F，Vesic A S. Compressibility and bearing capacity [J]. Journal of the Geotechnical Engineering Division，1981，107（12）：1677-1691.
[313] 熊勇，罗强，张良，等．基于小型平板载荷试验的粉质黏土变形演化状态特征分析 [J]. 岩土力学，2015，36（9）：2560-2568.
[314] 陈安敏，顾金才，沈俊，等．岩土工程多功能模拟试验装置的研制及应用 [J]. 岩石力学与工程学报，2004，23（3）：372-378.
[315] 刘建坤，汪稔．岛礁岩土工程 [M]. 北京：中国建筑工业出版社，2023.